iT邦幫忙 鐵人賽

博碩文化

U0077634

Android TDD

測試驅動開發

從 UnitTest、TDD 到 DevOps 實踐

第11屆iT邦幫忙鐵人賽

iT邦幫忙鐵人賽
佳作
iThome

**第一本完整介紹從Android單元測試、
TDD到DevOps全面自動化的台灣本土專書！**

- APP 程式總是改壞？ ----- ✔ 用單元測試驗證正確性，再也不怕改錯！
- APP 需求經常變更？ ----- ✔ TDD：紅燈、綠燈、重構，三步驟法則！
- APP 人工作業耗時？ ----- ✔ 測試、部署自動化一次搞定！

陳瑞忠 —— 著

iT邦幫忙 鐵人賽

博碩文化

Android TDD
測試驅動開發
從UnitTest、TDD到DevOps實踐

第一本完整介紹從Android單元測試、
TDD到DevOps全面自動化的台灣本土專書！

- APP 程式碼是改過？　　　✓ 用單元測試勤做正確性，再也不怕改啦！
- APP 需求經常變甚？　　　✓ TDD：紅燈、綠燈、重構，三步驟法則！
- APP 人工作業系統？　　　✓ 測試、部署自動化一次搞定！

IT邦鐵人賽入圍
佳作

陳瑞忠 —— 著

本書如有破損或裝訂錯誤，請寄回本公司更換

國家圖書館出版品預行編目(CIP)資料

Android TDD 測試驅動開發：從 UnitTest、TDD 到
DevOps 實踐 / 陳瑞忠著. -- 初版. -- 新北市：
博碩文化, 2020.06
　　面；　公分. -- (iT 邦幫忙鐵人賽系列書)

ISBN 978-986-434-490-1(平裝)

1. 系統程式　2. 電腦程式設計

312.52　　　　　　　　　　　　　109006428

Printed in Taiwan

作　　者：陳瑞忠
責任編輯：蔡瓊慧

董 事 長：陳來勝
總 編 輯：陳錦輝
出　　版：博碩文化股份有限公司
地　　址：221新北市汐止區新台五路一段112號10樓A棟
　　　　　電話(02) 2696-2869 傳真(02) 2696-2867

發　　行：博碩文化股份有限公司
郵撥帳號：17484299　戶名：博碩文化股份有限公司
博碩網站：http://www.drmaster.com.tw
讀者服務信箱：dr26962869@gmail.com
訂購服務專線：(02) 2696-2869 分機 238、519
(週一至週五 09:30~12:00；13:30~17:00)
版　　次：2020 年 06月初版一刷
建議零售價：新台幣550 元
ISBN：978-986-434-490-1
律師顧問：鳴權法律事務所 陳曉鳴律師

商標聲明

本書中所引用之商標、產品名稱分屬各公司所有，本書引用純屬介紹之用，並無任何侵害之意。

有限擔保責任聲明

雖然作者與出版社已全力編輯與製作本書，唯不擔保本書及其所附媒體無任何瑕疵；亦不為使用本書而引起之衍生利益損失或意外損毀之損失擔保責任。即使本公司先前已被告知前述損毀之發生。本公司依本書所負之責任，僅限於台端對本書所付之實際價款。

著作權聲明

博 碩 粉 絲 團

歡迎團體訂購，另有優惠，請洽服務專線
(02) 2696-2869 分機 238、519

前言

規律及穩定的發佈 App，一直是開發人員的目標及挑戰。面對環境與市場的快速改變，需要更快速頻繁的迭代速度來取得使用者的反饋。要達到這樣的目標，需要許多的技能和流程自動化。包含單元測試、UI 測試、測試驅動開發、持續整合、持續部署，更需要擁有敏捷與 DevOps 的文化。

為什麼寫測試在 App 更顯得重要？

- 相較網頁的更新，App 的發佈需要更多時間才能生效。
- 錯誤無法即時被修正，使用者不一定會將 App 更新至最新版。
- 使用者在 App 更不能接受糟糕的 UX 體驗。
- 碎片化 – Android 多種手機廠牌及作業系統版本。

本書將從 Kotlin 單元測試的基礎開始介紹，進而到 Android 實踐 TDD，最後在你的團隊導入 DevOps。

章節架構

一、Kotlin 單元測試

為什麼需要寫測試

我們在開發一個 App 時，大部分花費的時間不是在寫程式，而是在除錯、修改及維護，而單元測試可以讓你修改程式時不用害怕改錯，讓你用最快的時間發現程式的問題在哪。開發人員應該做更有價值的事，而不是一直檢查。

什麼是單元測試

單元測試就是以程式中最小的邏輯單元或最小的工作單元為對象,來撰寫測試程式,驗證邏輯是否正確。一般來說,程式中最小的邏輯單元就是一個 function。

章節重點
- 如何撰寫單元測試
- 測試框架 JUnit
- 依賴注入 Dependency Injection

二、假物件:Mock 與 Stub

在寫測試時,我們會使用假物件 Mock 與 Stub 來處理物件相依的問題。Stub 用來模擬外部相依物件的回傳結果,而 Mock 用來驗證目標與相依物件的互動。

MockK 是一個專門為 Kotlin 所設計的 Mock 框架。可以讓你用簡單的程式碼就建立一個模擬物件。用來模擬物件的回傳值或驗證模擬物件的行為。

章節重點:
- 假物件 Mock 與 Stub
- Mock 框架:Mockito
- Kotlin Mock 框架:MockK

三、Android 單元測試

有了單元測試的基本概念,我們可以開始在 Android 上寫測試了,首先會遇到的問題就是 Android Framework 的相依,這個相依會讓你的測試無法在 JVM 上執行,也造成測試速度變慢,這個章節將示範如何解 Android Framework 的相依,與 Android 有哪些測試種類。

Android 上的測試分為：

- Local unit test
- Instrumented unit test
- UI test

Local unit test 只在 Local 的機器上執行，也就是在 JVM(Java Virtual Machine) 執行。這種單元測試不依賴於 Android 框架，所以不需要安裝 APK ，執行的速度較快。

Instrumented unit test 也是單元測試，只是需在 Android 裝置或模擬器上執行。這些測試需要 Android framework。執行的速度慢，因為你必須產生 APK 並安裝在裝置或模擬器上執行。

UI test 用來驗證使用者的操作行為。例如點擊按鈕、輸入文字。基本上就是使用者真正會在 App 操作的事，而這就要使用 Android framework，因為你會直接接觸到 UI，也一定要安裝在 Android 裝置或模擬器。這些 UI 測試，我們將使用 Espresso 來進行測試。

章節重點

- 撰寫 Android Unit Test
- 隔離 Android Framework 的技巧
- 撰寫 Instrumented Test
- 使用 Espresso 撰寫 UI 測試
- 使用 Robolectric 模擬 Android Framework
- 使用 Custom View Components 提升可測試性
- 在 Gradle 設定測試環境參數

四、Android 的架構

要設計良好的架構，必須做到關注點分離。無論你有沒有寫過測試，或多或少都知道 Activity 經常有過多的職責。將 View 的邏輯、商業邏輯、資料交換等等都放在 Activity 是一個不好的設計，Activity 處理越多與畫面無關的事，就會變得難以維護及測試。

好的一個處理方式是使用 MVP、MVVP 把邏輯切割為不同的部分，這可以讓你減少與 Android Framework 的相依，也就是能在本機 JVM 執行，除了讓程式碼容易維護也提升可測試性及測試的速度。

章節重點：
- MVP 架構與單元測試
- MVVM 架構與單元測試
- 依賴注入框架
- 呼叫 API (Retrofit) 的測試

五、TDD 測試驅動開發

知道怎麼寫測試之後，下一個問題就是什麼時候寫測試。TDD(Test-Driven Development) 測試驅動開發是一種在撰寫產品程式碼之前先撰寫測試的方法。先撰寫一個會執行失敗的測試，接著完成產品程式碼讓測試可以通過，籍此來確認程式是正確且符合需求的。

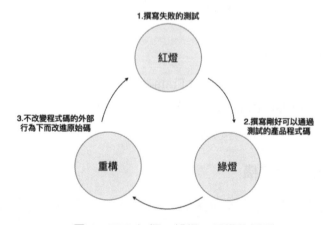

▲ 圖 1　TDD 紅燈、綠燈、重構的循環

TDD 步驟，如圖 1 的紅燈、綠燈、重構循環：

1. 紅燈：撰寫失敗的測試。
2. 綠燈：撰寫剛好可以通過測試的產品程式碼。
3. 重構：不改變程式碼的外部行為而改進原始碼。

在 2017 的 Google I/O 大會 ，Google 示範了怎麼在 Android 實踐 TDD，透過先寫外圈的**失敗的 UI 測試**，接著逐一完成內圈的 Feature 單元測試，完成所有的單元測試之後，接著讓最外圈 **UI 測試**通過。

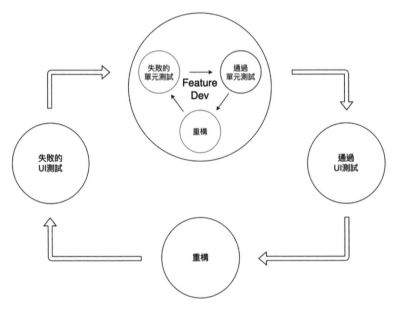

▲ 圖 2　Android TDD(圖片參考：Google I/O 2017)

章節重點
- 如何進行 TDD
- MVP 架構的 TDD
- MVVM 架構的 TDD

六、BDD 行為驅動開發

只用 TDD 開發仍有不足的地方，與非技術人員討論時缺乏共同語言。在寫測試案例時，工程師不見得會完全了解怎麼樣的測試案例才是符合需求的。你需要與產品經理、測試人員、商業相關人員討論需求及測試案例。用程式碼撰寫的測試案例，在與非技術人員溝通時較為不易。

BDD(Behavior-driven development) 行為驅動開發，是一個讓參與者透過具體的實例以共同的語言進行討論的開發方式，而討論出的結果就是一種自動測試的程式碼。

七、自動化測試工具

Appium 是一套開源的自動測試工具，可以用來測試在 Android、iOS 的原生 App、混合式及 Web App，並且支援 Java、Python、Ruby、C#、PHP、JavaScript 等多種語言。是目前較多測試人員所採用的自動測試工具。

八、Android App 的 DevOps

你可能會發現手機裡的 App 每隔幾天就更新一次。這是怎麼做到的呢？從開發到發佈必須與需求單位、行銷、數據團隊、API 團隊、測試人員等等一起合作。穩定、快速發佈的關鍵就是自動化、持續整合與持續交付。請參見圖 3。

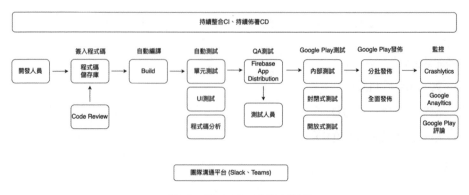

▲ 圖 3　在 Android 的 CI/CD

自動化

自動化是 DevOps 裡非常重要的一環,應盡可能的把流程都自動化。本章節將以 Jenkins 這個 CI 工具把從開發到發佈的許多流程都自動化。

持續整合

持續整合是一項 DevOps 軟體開發實務。開發人員將程式碼簽入到程式碼儲存庫,當有異動時,持續整合伺服器就將程式碼下載並自動建置及測試。如果寫了測試但沒有執行就失去了寫測試的意義,而最有效與即時的方式就是簽入時就自動執行並在有錯誤時通知開發人員。

持續交付

持續交付把完成的程式碼自動部署到線上環境,也就是發佈到 Google Play。傳統的發佈 App 方式有許多的人工作業,這些人工作業都可能造成部署錯誤。自動部署包含簽署 APK 、發佈 APK 至測試人員的手機、發佈封閉式測試、開放式測試及正式版本到 Google Play。

增量式交付

TDD 就是一種增量式交付的技巧,撰寫剛好可以通過測試的產品程式碼。而在 Google Play 的發佈也應使用增量式發佈的方式,例如發佈時只讓 20% 的裝置自動更新,待穩定後再全面發佈。

章節重點:

自動建置及測試

- 建置
- 單元測試
- 在實體手機上測試
- 在雲端測試
- 程式碼檢核

- 建置結果通知開發人員

自動部署 APP
- 簽署 APK
- 測試版 APK 到測試人員的手機
- 發佈 Google Play 封閉性測試
- 發佈 Google Play 開放性測試
- 發佈 Google Play 正式版

監控
- 當機偵測

九、在雲端測試

不同的手機與作業系統版本經常會影響測試結果。在模擬器上測試，可能無法滿足你的測試需求，這時候通常就會想到購買實體手機來做測試，但不停的購買手機可能不如直接在雲端上測試來得有效益，Google、Amazon 的雲端服務就提供多種廠牌裝置與作業系統版本的選擇。

十、使用 TDD 開發遊戲 – 採地雷

想必大家都玩過 Windows 裡的踩地雷遊戲。遊戲的目標是找出沒有地雷的方格。當找到全部沒有地雷的方格即獲勝，而踩到地雷則為失敗。這個章節就用 TDD 的方式來做出採地雷的 App。

讓我們開始吧

如果你沒有任何寫測試的經驗也沒關係。章節範例都會附上 Github 連結，照著範例練習，你一定可以學會如何在 Android 撰寫單元測試。動手試看看吧！會得到更好的學習效果。

目錄

01 Kotlin 單元測試

02 假物件：Mock 與 Stub

03 Android 單元測試

04 使用 MVP、MVVM 架構提高可測試性

05 Android TDD 測試驅動開發

06 BDD 行為驅動開發

07 自動化測試工具

08 Android 的 DevOps

09　在雲端測試 App

10　使用 TDD 開發遊戲—採地雷

Kotlin 單元測試

單元測試就是以程式中最小的邏輯單元或最小的工作單元為對象,來撰寫測試程式驗證邏輯是否正確。一般來說,程式中最小的邏輯單元就是一個函式 (function)。

在這一章,我們將使用 IntelliJ 做為開發工具。由於還不需要使用 Android SDK,使用 IntelliJ 可以讓你的開發環境更簡單一些,它一樣可以用來寫 Java 或 Kotlin,事實上 Android Studio 是基於 IntelliJ 開發出來的。IntelliJ 是你的練習單元測試的好工具。你可以在 JetBrains 的官網 https://www.jetbrains.com/idea/ 下載。

1.1 建立 IntelliJ 專案

安裝完 IntelliJ 之後。開始寫第一個測試。

如圖 1-1 開啟 IntelliJ => 新增 Project => 選擇 Gradle => 勾選 Kotlin/JVM。

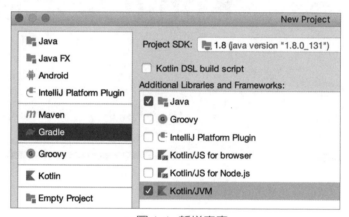

▲ 圖 1-1 新增專案

在圖 1-2 繼續輸入 GroupId、ArtifaceId。GroipId 你可以視為 PackageId，ArtifaceId 則為專案名稱。接著在圖 1-3 設定專案目錄。

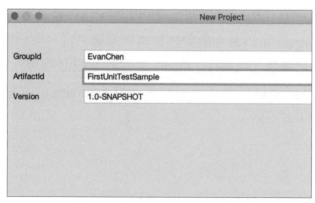

▲ 圖 1-2 輸入 GroupId、ArtifaceId

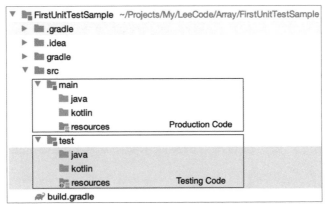

▲ 圖 1-3 設定專案目錄

專案建立之後，可以看到如圖 1-4 的目錄結構。

main => Production code，撰寫產品程式碼的地方。

test => Testing code，撰寫測試程式碼的地方。

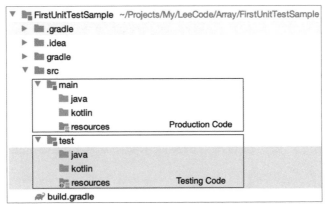

▲ 圖 1-4 目錄結構

測試框架 JUnit

在專案目錄下，開啟 buide.gradle，這裡可以看到 dependencies 預設使用 Junit 測試框架。

```
dependencies {
    implementation "org.jetbrains.kotlin:kotlin-stdlib-jdk8"
    testCompile group: 'junit', name: 'junit', version: '4.12'
}
```

在下一節，我們將針對 JUnit 有詳細的介紹。在此之前，先從撰寫一個簡單的單元測試開始。

1.2 第一個測試

我們先來寫一個加法功能。

1. 在 main/kotlin 新增一個 class Math
2. 新增加法 add，傳入 number1 與 number2 並回傳這兩個數字的加總。

```
class Math {
    fun add(number1: Int, number2: Int): Int {
        return number1 + number2
    }
}
```

產品程式碼寫完之後，接著寫一個測試來驗證這個功能是否正確。

步驟

1. 在目錄的 test/kotlin 新增類別 MathTest (見圖 1-5)。

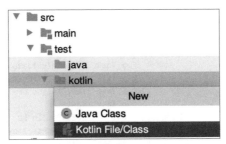

▲ 圖 1-5 新增 Kotlin 類別

2. 新增函式 addTest()。

3. 呼叫 math.add (1,2)，將得到的結果放入 actual。

4. 使用 Assert.assertEqual 比較 expected 與 actual 是否相同。

```kotlin
@Test
fun addTest() {
    val expected = 3   // 預期結果
    val actual = Math().add(1, 2) // 呼叫被測試的函式
    Assert.assertEquals(expected, actual) // 驗證預期與結果
}
```

在 fun 上方的 @Test 是 JUnit 用來表示這是一個測試函式的 Annotation。

在圖 1-6 點下綠色三角型，執行測試。

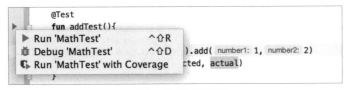

▲ 圖 1-6 執行測試

測試結果如圖 1-7，可以看到 Tests passed，這樣我們就完成了第一個單元測試且通過測試了。

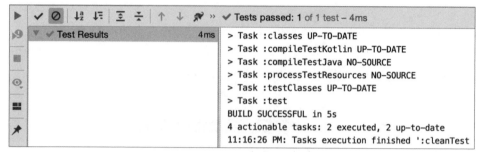

▲ 圖 1-7 測試結果

如果你的產品程式碼寫錯了，例如把加法寫成了減法。

```kotlin
fun add(number1: Int, number2: Int): Int {
    // 應為 number1 + number2，寫成了 number - number2
    return number1 - number2
}
```

測試出來的結果則會是紅燈，代表測試失敗。

從圖 1-8 可以從測試結果看出，預期會是 3，但實際得到的是 -1。

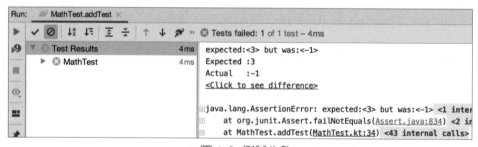

▲ 圖 1-8 測試失敗

第一個測試雖然簡單，但是應該已經發現寫單元測試可以替你驗證是否有寫錯。

測試結果應能解釋失敗原因

Assert.assertEquals(expected, actual) 裡的 expected 與 actual 是不能寫相反的。如果把 expected 放在前面，變成 Assert.assertEquals(actual, expected)，則會得到圖 1-9 的錯誤結果。這兩種解釋可是完全不一樣的意思。從測試結果你會看到 Actual 是 3，但實際計算出來的值是 -1。將 expected 與 actual 寫相反會讓你誤判程式有錯誤的地方。

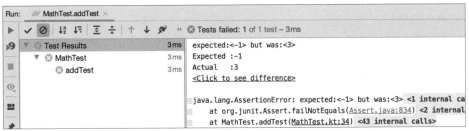

▲ 圖 1-9　expected 與 actual 寫相反的結果

從失敗案例開始撰寫

一般來說，我們會先寫一個失敗的測試，這個失敗的測試用來驗證你的測試程式是寫對的。例如我不小心把 assertEquals 裡面 2 個參數都寫成了 expected。那麼這會是一個怎麼測都會是綠燈的測試。即便你的產品程式碼是錯的，都會得到綠燈。所以最好的方式是先寫一個會失敗的測試，用來確定你的測試程式碼不是因為寫錯而永遠都是綠燈。關於先寫失敗案例，在第五章測試驅動開發，我們會再解釋更多。

```
// 把兩個參數都寫成了 expected
Assert.assertEquals(expected, expected)
```

驗證測試物件的屬性

上例驗證的方式是透過函式的回傳值檢查是否符合預期結果。有時候被測試的函式可能沒有回傳值，另一種驗證的方式就是驗證物件狀態的改變。

產品程式碼：

1. 新增 Class Math2。

2. fun add 裡將加法的結果存在 result。

```kotlin
class Math2 {
    var result = 0
    fun add(number1: Int, number2: Int){
        // 將加法結果至 result
        result = number1 + number2
    }
}
```

測試程式碼，驗證 math.result 是否符合預期。

```kotlin
@Test
fun addTest() {
    val math = Math2()
    // 預期結果
    val expected = 3
    // 呼叫被測試函式
    math.add(1, 2)
    val actual = math.result
    // 驗證物件屬性
    Assert.assertEquals(expected, actual)
}
```

執行測試即會得到綠燈，通過測試。

測試涵蓋率

測試涵蓋率指的是：測試涵蓋了產品程式碼中多少的百分比。我們從一個範例來看涵蓋率的問題。

這個函式的功能是傳入 2 個數字，回傳最小值。

```kotlin
fun minimum(number1: Int, number2: Int): Int {
    if (number1 > number2) {
        // 最小值為 number2
        return number2
    } else {
        // 最小值為 number1
        return number1
    }
}
```

可以看到 minimum 裡，有著條件式的判斷。需要用兩個測試案例來驗證回傳是否正確。

```kotlin
@Test
fun testNumber1LessNumber2_minimumShouldBeNumber1() {
    //number1 比 number2 小的案例
    val expected = Math().minimum(1,3)
    val actual = 1
    Assert.assertEquals(expected, actual)
}

@Test
fun testNumber2LessNumber1_minimumShouldBeNumber2() {
    //number2 比 number1 小的案例
    val expected = Math().minimum(3,1)
```

```
    val actual = 1
    Assert.assertEquals(expected, actual)
}
```

如圖 1-10 在 Class 點選 Run with Coverage，測試並顯示涵蓋率。

class MathTest {
Run 'MathTest' ^⇧R
Debug 'MathTest' ^⇧D
Run 'MathTest' with Coverage

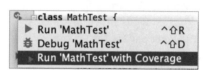

▲ 圖 1-10　執行涵蓋率測試

在圖 1-11 可以看到涵蓋率結果 100%，代表你的產品程式碼都被測試到。

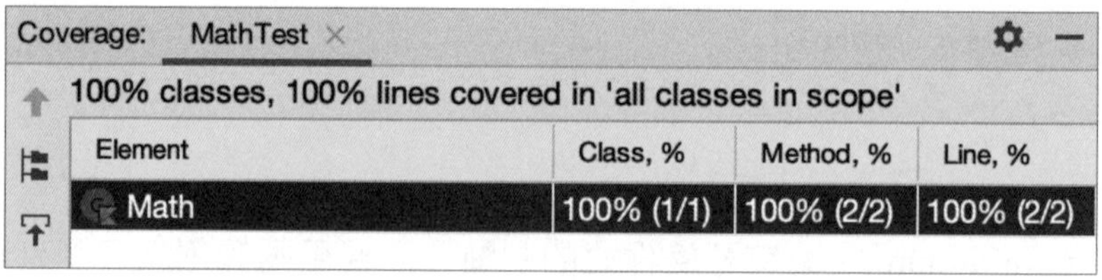

Coverage: MathTest
100% classes, 100% lines covered in 'all classes in scope'
Element
Class, %
Method, %
Line, %
Math
100% (1/1)
100% (2/2)
100% (2/2)

▲ 圖 1-11　涵蓋率結果

測試命名應具備可讀性、可維護性

在取最小值的函式，我們用了兩個測試來表達測試的情境。

第一個測試：number 比 number2 小，結果應回傳 number1。

```
fun testNumber1LessNumber2_minimumShouldBeNumber1()
```

第二個測試：number2 比 number1 小，結果應回傳 number2。

```
fun testNumber2LessNumber1_minimumShouldBeNumber2
```

這裡應避免將函式命名為 testNumber2_Is_1_Number_Is_2_minimumShouldBe_3，
原因是將太多的細節寫在上面了，測試的函式名稱應描述測試的情境。也
就是 number2 比 number1 小，最小值應是 number1。寫出 number1 的值是
3 對測試的情境來說並不是太重要。

小結

驗證物件的行為是否符合預期：

1. 驗證目標物件的回傳值。

2. 驗證目標物件的狀態改變。

3. 驗證目標與相依物件的互動。（在 Mock 的章節將會介紹更多）

範例下載

https://github.com/evanchen76/TDD_FirstUnitTestSample

小技巧

你可以從類別按下 command + N (Alt + Insert)，快速產生測試類別及函式 (見
圖 1-12)。

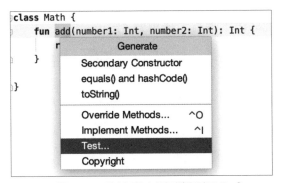

▲ 圖 1-12 快速產生測試類別及函式

1.3 JUnit 測試框架

成功撰寫第一個測試之後，這一節將對 JUnit 做更進一步的介紹。JUnit 是一個在 Java 的測試框架，當然 Kotlin 也可以使用。目前我們用到了 JUnit 的這兩個功能：@Test、Assert.assertEqual

@Test：用來表達是一個測試的函式。

Assert.assertEquals(expected, actual)：驗證 expected、actual 是否相同。

常用的 Annotation：

- @Before：在每一個測試之前執行。
- @After：在每一個測試之後執行。
- @BeforeClass：在這個類別開始執行第一個測試之前。
- @AfterClass：在這個類別全部測試完成後執行。

重構：使用 @Before 來移除重覆程式碼

測試的程式碼也是需要重構的。延續上一篇的測試，我們應將測試程式視為產品程式碼的一部份，兩者一樣重要。

範例的 3 個測試，可以發現每個測試都會先做 val math = Math()。

```
@Test
fun addTest() {
    val math = Math()
    val actual = math.add(1, 2)
    val expected = 3
    Assert.assertEquals(expected, actual)
}
```

```
@Test
fun testNumber1LessNumber2_minimumShouldBeNumber1() {
    val math = Math()
    val expected = math.minimum(1,3)
    val actual = 1
    Assert.assertEquals(expected, actual)
}

@Test
fun testNumber2LessNumber1_minimumShouldBeNumber2() {
    val math = Math()
    val expected = math.minimum(3,1)
    val actual = 1
    Assert.assertEquals(expected, actual)
}
```

既然這樣，我們何不把 val math = Math() 提出一個函式，讓每個測試都先執行。新增一個方法 setup() 並加上 @Before 的 annotation，確保每次測試之前 math 都會重新初始化，也讓程式碼減少了重覆的部分。

```
class MathTest {
    lateinit var math: Math

    @Before
    fun setup(){
        math = Math()
    }

    @Test
    fun addTest() {
        val actual = math.add(1, 2)
        val expected = 3
```

```
        Assert.assertEquals(expected, actual)
    }

    @Test
    fun testNumber1LessNumber2_minimumShouldBeNumber1() {
        val expected = math.minimum(1,3)
        val actual = 1
        Assert.assertEquals(expected, actual)
    }

    @Test
    fun testNumber2LessNumber1_minimumShouldBeNumber2() {
        val expected = math.minimum(3,1)
        val actual = 1
        Assert.assertEquals(expected, actual)
    }
}
```

請記得 @Before 是在每個測試之前都會執行，跟下方在 Property 初始化的作法是不一樣的。

```
class MathTest {
    var math = Math()
}
```

@Before 雖然好用，但需要注意以下幾點：

■ 避免在 Before 撰寫只有部分測試會用到的物件。

■ 避免在 Before 寫太複雜的程式碼，這會讓你在看測試程式碼時難以除錯。若為複雜的情境則可以考慮使用工廠方法來進行初始化。

@Ignore 用來表示先忽略這個測試。有時程式還沒寫好時，可以暫時加上 Ignore 忽略。

```
@Ignore("not implemented yet")
fun test() {}
```

Assert 常用種類：

- assertEquals 驗證 2 個物件是否相等。
- assertNotEquals 驗證 2 個物件是否不相等。
- assertTrue 驗證是否為真。
- assertNull 驗證物件是否為 null。
- assertNotNull 驗證物件是否不為 null。
- assertArrayEquals 驗證陣列是否相同。

使用情境

比對兩個物件是否相等時，應使用 AssertEqual 而非 AssertTrue。

正確：Assert.assertEquals(string1, string2)

錯誤：Assert.assertTrue(string1 == string2)

不要使用反向的寫法。

正確：assertTrue(condition)

錯誤：assertFalse(!condition)

使用 AssertTrue，而非 AssertEqual 的情境。

正確：assertTrue(someBoolean)

錯誤：Assert.assertEquals(true, someBoolean)

使用 AssertNull 而非 AssertEqual 的情境。

正確：assertNull(someNull)

錯誤：Assert.assertEquals(null, someNull)

小技巧

在測試類別 (圖 1-13)，按下 Command + N (Alt + Insert)，可快速產生 SetUp Function 與 TearDown Function。

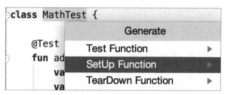

▲ 圖 1-13 快速產生 SetUp Function

1.4 依賴注入 晴天 9 折，雨天沒折

「晴天 9 折，雨天沒折。」

經常在路上會看到賣雨傘的店家會做這樣的促銷。如果我們要寫一個可以計算在晴天跟雨天有不同折扣的雨傘計價功能。可以怎麼做呢？

新增 Umbrella 類別，新增方法 totalPrice 傳入購買數量、價錢，回傳計算售價結果。既然售價跟天氣有關，我們需要一個 Weather().isSunny() 取得天氣現在是否是晴天 (假設這裡會呼叫 API 取得天氣)。在計算價錢時，若天氣為晴天則雨傘打 9 折。

```
fun main() {
    val umbrella = Umbrella()
    val totalPrice = umbrella.totalPrice(1, 600)
```

```
    println("totalPrice:$totalPrice")
}

class Umbrella {
    // 購買雨傘計價
    fun totalPrice(quantity: Int, price: Int): Int {
        // 取得是否是晴天
        val isSunny = Weather().isSunny()
        // 購買數量 * 價錢
        var price = quantity * price

        if (isSunny) {
            // 晴天 -> 打 9 折
            price = (price * 0.9).toInt()
        }

        return price
    }
}
```

totalPrice 這個函式，會去呼叫 Weather().isSunny()，但卻無法控制或得知 weather.isSunny() 的回傳值。既然無法知道預期結果，當然也就無法測試。

外部相依將導致難以測試。

依賴注入 Dependency injection (DI)

依賴注入就是為了解決這種相依的問題。讓開發者能夠寫出低耦合的程式碼。

1. 建立一個介面 IWeather

2. 在裡面新增一個方法 isSunny

3. 原本的類別 Weather 改為實作介面 IWeather。

```kotlin
interface IWeather {
    fun isSunny(): Boolean
}


class Weather : IWeather {
    override fun isSunny(): Boolean {
        return true
    }
}
```

把 Weather 改成 IWeather，對照如圖 1-14。

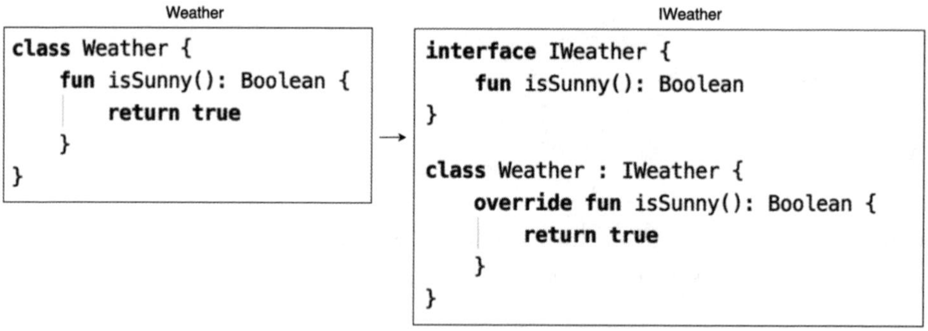

▲ 圖 1-14 從 Weather 類別改成 IWeather 介面

接著把 weather 提出為函式的參數，totalPrice 就不再相依 weather 的實體，而是相依於一個介面。

```kotlin
fun totalPrice(weather:IWeather, quantity: Int, price: Int): Int {
    // 取得是否晴天
    val isSunny = weather.isSunny()
    ...
}
```

修改後的 IWeather.totalPrice 見圖 1-15 的比較。

```
           原作法：無法控制天氣                    由外部傳入IWeather，讓原本的Weather解除相依
//購買雨傘計價                                  //購買雨傘計價
fun totalPrice(quantity: Int, price: Int): Int {   fun totalPrice(weather:IWeather, quantity: Int, price: Int): Int {
    //取得是否晴天                                  //取得是否晴天
    val isSunny :Boolean  = Weather().isSunny()      val isSunny :Boolean  = weather.isSunny()
    //購買數量 * 價錢                              //購買數量 * 價錢
    var price :Int  = quantity * price               var price :Int  = quantity * price

    if (isSunny) {                                   if (isSunny) {
        //晴天 -> 打9折                                //晴天 -> 打9折
        price = (price * 0.9).toInt()                    price = (price * 0.9).toInt()
    }                                                }

    return price                                     return price
}                                                }
```

▲ 圖 1-15 由外部傳入 IWeather 讓原本的 Weather 解除相依

回到 fun main()，計算雨傘價錢時，則需傳入 weather。

```
fun main() {
    val weather:IWeather = Weather()
    val umbrella = Umbrella()
    umbrella.totalPrice(weather, 1, 600)
}
```

修改之後，totoalPrice 就不再與 Weather 的實體相依，而是相依為 IWeather
這個介面。對於 weather.isSunny() 這個函式，只需要知道會有一個實作這
個介面的實體來取得是否晴天。而誰去實作 isSunny()，對這個 totalPrace
來說已經不重要了。這樣的作法我們就叫依賴注入。

依賴抽象 (Interface)，而不依賴實體。

現在我們已經可以透過依賴注入去控制天氣是否晴天，就可以開始寫測試
了。

步驟

1. 建立一個假的天氣類別 StubWeather，繼承 IWeather。

2. 新增屬性 fakeIsSunny，用來讓外部設定 isSunny() 回傳預期的天氣。

3. 實作 isSunny 回傳 fakesSunny。

```
class StubWeather :IWeather{
    // 建立屬性，讓外部可設定假的天氣要回傳晴天或雨天
    var fakeIsSunny = false

    override fun isSunny(): Boolean {
        // 回傳設定的假天氣
        return fakeIsSunny

    }
}
```

步驟

1. 利用剛剛建立的 StubWeather()。

2. 設定 fakeIsSunny = true，讓 isSunny 永遠會回傳 true。

3. 呼叫被測試程式，進行晴天的測試。

4. 驗證是否符合晴天的打 9 折計算結果。

```
@Test
fun totalPrice_sunnyDay(){
    val umbrella = Umbrella()
    //1. 建一個假的 Weather
    val weather = StubWeather()

    //2. 設定這個假的 Weather 永遠回傳目前天氣為晴天
    weather.fakeIsSunny = true
```

```
//3. 呼叫被測試程式，進行晴天的測試
val actual = umbrella.totalPrice(weather, 3,100)
val expected = 270

//4. 驗證是否符合晴天的打 9 折計算結果
Assert.assertEquals(expected, actual)
}
```

雨天測試，現在也能透過 StubWeather 讓 umbrella.totalPrice 的 weather.
isSunny 總是回傳雨天。

```
@Test
fun totalPrice_rainingDay(){
    val umbrella = Umbrella()
    // 建一個假的 Weather
    val weather = StubWeather()

    // 設定這個假的 Weather 永遠回傳目前天氣為雨天
    weather.fakeIsSunny = false

    // 雨天的測試
    val actual = umbrella.totalPrice(weather, 3, 100)
    val expected = 300
    Assert.assertEquals(expected, actual)
}
```

執行測試，綠燈。這樣就完成透過依賴注入的方式，讓我們得以測試了。

Injection 的種類

```
Method injection
```

```
Constructor injection
Property injection
Ambient context
```

Method injection

透過公開方法注入參數。剛才的範例，我們將 totalPrice 裡的 weather，提出到函式當做傳入的參數，這種注入方式叫 Method injection。

Constructor injection

透過 Constructor 建構子來注入參數，使用 Constructor injection 可以確保要注入的物件在被使用之前一定會初始化，而且不會再被修改。一般來說，Constructor injection 是較推薦的方式。

Property Dependency

透過直接修改 Property 來注入。實際上較不常用。

Ambient context

透過修改環境物件，例如 Singleton。使用 Ambient context 是較不建議的作法。

在寫單元測試時，DI 可說是非常重要的技巧，把對於某個物件的控制權移轉給第三方，解開了相依物件的耦合。第三章開始 Android 的測試時，我們將再介紹 DI 的框架，讓 DI 的使用更方便。

範例下載

https://github.com/evanchen76/TDD_DISample

小技巧

使用重構 -> Extract Interface，將類別直接重構為介面 (見圖 1-16) 圖。

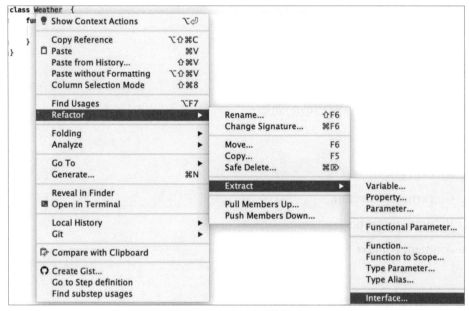

▲ 圖 1-16　將類別重構為介面

1.5　單元測試小結

小結一下單元測試的重點。

JUnit

JUnit 是一個用在 Java、Kotlin 的單元測試框架。

驗證被測試物件有 3 種方式：

1. 驗證回傳值
2. 驗證物件狀態的改變
3. 驗證目標與相依物件的互動

依賴注入

依賴注入用來解決外部相依的問題。

注入的種類：

1. Method injection
2. Constructor injection
3. Property injection
4. Ambient context

單元測試的 FIRST 原則

最後，我們來看一下好的單元測試應該有哪些要注意的。

Fast：快速

單元測試的執行速度必須要快才不會打亂你的開發節奏，且如果單元測試的執行速度不快，你就不會頻繁地執行它們。

Independent：獨立

測試案例之間的相依性為零。每一個測試，都只做跟自已有關的事。所以不同測試的執行先後順序是不會有影響的。

不與外部物件（包括檔案、資料庫、網路、服務、物件等等）直接相依。這樣才能做到當看到紅燈，一定是程式碼寫錯，而不是其他原因。例如網路壞了或機器的問題。

Repeatable：可重複

重覆使用被測試物件，就可能造成測試不是每次都有一樣的結果。基本上，如果你有做到 Independent 的話，測試應該可被重覆執行的。且由團隊裡任何人重複執行測試都應得到一樣的結果。

Self-Validating：自我驗證

從測試結果應能直接了解失敗的原因。你不能在收到測試失敗後，還需要再修改產品程式碼或測試程式碼才能知道錯誤的原因。

Timely：及時

寫測試要及時。最好是使用 TDD 的方式來開發，先寫測試程式碼再寫產品程式碼。如沒有 TDD，最晚也要在 commit 之前要寫完測試。

其他注意事項

測試不該有條件式判斷

測試程式碼裡，如果有條件式判斷，就代表其中有測試可能不會被執行到。

不具備邏輯

測試應該要很簡單，簡單到一出錯，你不用 debug，你直接看就知道哪裡錯。測試程式應只是描述一件事，儘量不要有 for 迴圈等複雜的邏輯。

參考書籍及網站

單元測試的藝術 Roy Osherove

Mockito

https://site.mockito.org/

JUnit

https://junit.org/junit4/

30 天快速上手 TDD

https://dotblogs.com.tw/hatelove/series/1?qq=30 天快速上手 TDD

Chapter

02

假物件：Mock 與 Stub

2.1 假物件：Mock 與 Stub

上一章的最後，我們用了依賴注入的技巧，建立了一個假物件來模擬天氣。這一節我們要來談談假物件。假物件分為 Stub 與 Mock。

- Stub：用來模擬外部相依物件的回傳結果。
- Mock：用來驗證目標與相依物件的互動。

Stub

上一節的假物件 StubWeather，模擬外部相依物件回傳結果 (晴天或雨天) 的物件就是屬於 Stub。

圖 2-1 說明了被測試物件與 Stub 的互動。

- Test：測試程式。
- SUT：System under test，被測試物件。
- Stub：假物件，用來模擬外部相依物件的回傳結果。

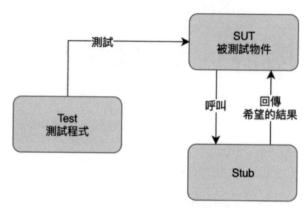

▲ 圖 2-1 被測試物件與 Stub

以上一章雨傘計價的例子，如圖 2-2 所示。

- Test：測試程式，UmbrellaTest.totalPrice_sunnyDay()
- SUT：被測試物件，也就是 Umebralla.totalPrice() 用來計價的函式。
- Stub：假天氣物件 StubWeather，用來回傳預期是晴天或雨天。

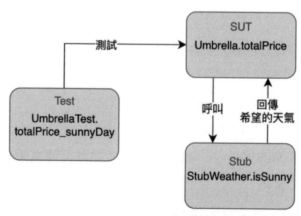

▲ 圖 2-2 雨傘計價與 Stub

Mock

Mock 則是用來驗證目標與相依物件的互動 (如圖 2-3)。

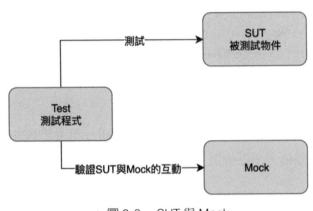

▲ 圖 2-3　SUT 與 Mock

我們用另一個範例來介紹什麼是 Mock，這個範例延續賣雨傘的例子。我們用下訂單這個功能來作示範。

這邊的下訂單，先不考慮新增資料到資料庫等問題。我們來討論一下寄送 Email 給使用者這段程式碼。新增訂單時，我們可能會同時發送 Email 給使用者告知下單成功了。而這個發 Email 的函式又沒有回傳值讓你驗證是否有成功。那你要怎麼確保新增訂單有呼叫寄用 Email 這個函式，並傳入正確的參數。

在 insertOrder 裡，其中一段為寄送 Email 給使用者。

```kotlin
class Order {
    // 成立訂單
    fun insertOrder(email: String, quantity:Int, price: Int){
        val weather = Weather()
        val umbrella = Umbrella()
```

```
        umbrella.totalPrice(weather, quantity, price)

        // 新增訂單 ...( 省略 )

        // 寄送 Email 給使用者
        val emailUtil = EmailUtil()
        emailUtil.sendCustomer(email)
    }
}
```

如圖 2-4，我們需要測試成立訂單有沒有發 mail。而這個寄送 Email 的函式就是一個外部相依。那麼就需要驗證是否有與這個外部相依互動。

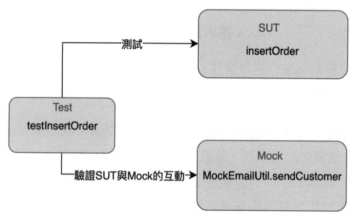

▲ 圖 2-4 訂單成立案例

開始寫測試

1. 解除依賴注入

   將 EmailUtil 類別 Extract Interface，新增 IEmailUtil 介面。

```
interface IEmailUtil {
    fun sendCustomer(email: String)
}
```

```
}

class EmailUtil : IEmailUtil {
    override fun sendCustomer(email: String) {
        // 發 Email
    }
}
```

把 EmailUtil 提出到 Constructor 並改成介面 IEmailUtil，我們就完成了依賴
注入。

```
fun insertOrder(email: String, quantity: Int, price: Int, emailUtil:
IEmailUtil){
    val weather = Weather()
    val umbrella = Umbrella()
    // 結帳 ...( 省略 )
    umbrella.totalPrice(weather, quantity, price)
    // 寄送 Email 給客人
    emailUtil.sendCustomer(email)
}
```

2. 建立 Mock 模擬物件，驗證 SUT 是否 Mock 互動。

這樣就可以來寫測試了，這裡的測試要測成立訂單有沒有發送 mail，
測試的重點在於有沒有成功呼叫到 emailUtil.sendCustomer(email)，
這裡的 emtailUtil 傳入的型別是一個介面，也就是說哪個類別實作
IEmailUtil.sendCustomer 其實已經不重要了，也達到了相依於介面，而
不相依於實體。

新增一個 MockEmailUtil，我們要用這個假的 EmailUtil 來記錄是不是有被
呼叫到。

```
class MockEmailUtil :IEmailUtil{
    // receiveEmail 用來記錄由 sendCustomer 傳進來的 Email
    var receiveEmail:String? = null
    override fun sendCustomer(email: String) {
        receiveEmail = email
    }
}
```

呼叫 order.insertOrder，傳入 mockEmailUtil，最後用 mockEmailUtil.
receiveEmail 來驗證 order.insert 裡是否有呼叫 IEmailUtil.setCustomer。

```
@Test
fun testInsertOrder() {
    val order = Order()
    val mockEmailUtil = MockEmailUtil()
    val userEmail = "someMail@gmail.com"
    order.insertOrder(userEmail, 1, 200, mockEmailUtil)
    // 用 mockEmailUtil.receiveEmail 來驗證 order.insert 裡是否有呼叫
IEmailUtil.setCustomer
    Assert.assertEquals(userEmail, mockEmailUtil.receiveEmail)
}
```

從原本的 EmailUtil.sendCustomer，改成相依於介面 IEmailUtil.sendCustomer
就可以讓發 Email 這段可被測試囉。

小結

驗證的方式，通常有這 3 種。

1. 驗證回傳值

2. 驗證物件狀態的改變

3. 驗證目標與相依物件的互動

請儘量把互動測試作為你的最後選擇，你應該儘量使用驗證回傳值或驗證
物件狀態，因為互動測試會讓測試變的複雜。如果一個測試只測一件事，
就只能有一個 Mock。如果一個測試存在多個 Mock，代表你正在測試多件
事情。

小技巧

Ctrl + R 執行上一個測試。

Ctrl + Shift + R 執行目前的測試。

下一節會介紹隔離框架，這些框架會讓你在 Mock 或 Stub 變得很簡單。

2.2 Mock 框架：Mockito

用假物件 Mock、Stub 雖然解決了原本因為相依無法測試的問題。但每次
這樣建也太辛苦了，這時候我們就會用 Mock 的框架來讓我們更方便的做
到模擬物件的行為。

Mockito 是一個 Mock 的框架。可以讓你用簡單的程式碼就建立一個模擬物
件。用來模擬物件回傳值或驗證模擬物件的行為。

在 buide.gradle 的 dependencies 加上 mockito。

```
dependencies {
    ...
    testImplementation "org.mockito:mockito-core:2.8.9"
}
```

在雨傘計算價錢的範例。我們建了一個 StubWeather 來回傳預期的天氣。

```
class StubWeather :IWeather{
    // 建立屬性，讓外部可設定假的天氣要回傳晴天或雨天
    var fakeIsSunny = false

    override fun isSunny(): Boolean {
        // 回傳設定的假天氣
        return fakeIsSunny
    }
}
```

而使用 Mockito 的話，我們在寫測試時只需要這樣寫：

1. 使用 mock() 建立模擬物件
2. 使用 when thenReturn 模擬回傳值。

```
@Test
fun totalPrice_sunnyDay(){
    val umbrella = Umbrella()
    //1. mock() 建立模擬物件
    val weather = mock(IWeather::class.java)
    //2. 模擬回傳值
    `when`(weather.isSunny()).thenReturn(true)
    val actual = umbrella.totalPrice(weather, 3,100)
    val expected = 270
    Assert.assertEquals(expected, actual)
}
```

是不是很簡單，不需要再寫 StubWeather，輕易的達到讓 weather.isSunny() 回傳我們想要的結果。

再來看上一節的下單 insertOrder 發 mail 的範例，我們寫了一個用來模擬發送 Email 的 Mock。

```kotlin
class MockEmailUtil :IEmailUtil{
    // receiveEmail 用來記錄由 sendCustomer 傳進來的 Email
    var receiveEmail:String? = null

    override fun sendCustomer(email: String) {
        receiveEmail = email
    }
}
```

測試程式：

1. 產生模擬物件：mock(IEmailUtil::class.java)
2. 使用 verify 驗證互動

```kotlin
@Test
fun insertOrderWithMockito() {
    val order = Order()
    val mockEmailUtil = mock(IEmailUtil::class.java)
    val userEmail = "someMail@gmail.com"
    order.insertOrder(userEmail, 1, 200, mockEmailUtil)
    // 驗證是否有呼叫 sendCustomer，並傳入正確的 userEmail
    verify(mockEmailUtil).sendCustomer(userEmail)
}
```

以上我們用了 Mockito 來達到建立 Mock、Stub 的模擬物件，是不是很方便。

Mockito 其他功能

用 annotations 方式建立 mock

你 可 以 透 過 標 示 @Mock 的 annotations， 並 在 @Before 裡 使 用 MockitoAnnotations.initMocks 來建立 Mock。

```
class OrderTest {
    @Mock
    lateinit var mockEmailUt:IEmailUtil

    @Before
    fun setup()
    {
        MockitoAnnotations.initMocks(this)
    }
}
```

呼叫次數的驗證

```
// 驗證呼叫 1 次
verify(mockEmailUtil, times(1)).sendCustomer(userEmail)

// 驗證不能呼叫該函式
verify(mockEmailUtil, never()).sendCustomer(userEmail)

// 驗證最少呼叫 1 次
verify(mockEmailUtil, atLeast(1)).sendCustomer(userEmail)

// 驗證最多呼叫 1 次
verify(mockEmailUtil, atMost(1)).sendCustomer(userEmail)
```

any

如果你不在乎函式傳入的參數，可以使用 any()，表示傳入任何參數皆可。

```
verify(mockEmailUtil).sendCustomer(any())
```

範例下載

https://github.com/evanchen76/TDD_MockitoSample

小技巧

單元測試也是可以設定中斷點，執行 Debug 來方便除錯 (圖 2-5)。

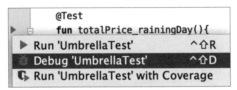

```
        @Test
        fun totalPrice_rainingDay(){
    ▶ Run 'UmbrellaTest'              ^⇧R
    🐞 Debug 'UmbrellaTest'           ^⇧D
    🐞 Run 'UmbrellaTest' with Coverage
```

▲ 圖 2-5　在測試中使用 Debug

2.3 Mockito 在 Kotlin 的問題

Mockito 是在 Java 非常普偏使用的 Mocking framework，當然也可以使用在 Kotlin，但是在 Kotlin 使用有以下幾個問題：

- 無法 Mock final class。
- 無法使用 any(), eq(), argumentCaptor(), capture()。
- when 在 kotlin 是個保留字，要用 `when`。

無法 Mock final class

Kotlin 裡的 Class 預設是 final，所以當你去 Mock 一個 final Class 會得到錯誤如下

```
@Test
fun test(){
    val class1 = Mockito.mock(Class1::class.java)
    val name = class1.getName()
}


org.mockito.exceptions.base.MockitoException:
Cannot mock/spy class Class1
Mockito cannot mock/spy because :
 - final class
```

無法使用 any(), eq(), argumentCaptor(), capture()

如果有用到 any(), eq(), argumentCaptor(), capture() 時，會得到錯誤：

```
java.lang.IllegalStateException: anyObject() must not be null
```

雖然 Google Github 的 android/architecture-samples 提供了轉換的解法，但仍是有些不方便。

```
fun <T> eq(obj: T): T = Mockito.eq<T>(obj)
fun <T> any(): T = Mockito.any<T>()
fun <T> capture(argumentCaptor: ArgumentCaptor<T>): T =
argumentCaptor.capture()
inline fun <reified T : Any> argumentCaptor(): ArgumentCaptor<T> =
        ArgumentCaptor.forClass(T::class.java)
```

When 在 Kotlin 是保留字

由於 when 在 kotlin 是個保留字，在 Mockito 使用 when 時需加上 `when`。

2.4 Mock 框架：Mockk

Mockk 是一個專門在 Kotlin 用來 Mocking 的框架，Mockito 做得到的 Mockk 也都做得到。所以我們會花多一點的篇幅來介紹 Mockk 的功能。

環境設定

```
dependencies {
    testImplementation 'io.mockk:mockk:1.9.3'
}
```

Mock 模擬物件

模擬物件的回傳值。對於 Class1 的 getName 回傳字串 A，我們想要在測試時讓它回傳固定的字串。

```
class Class1 {
    fun getName(): String {
        return "A"
    }
}
```

1. 使用 mockk 進行 Mocking

```
val class1 = mockk<Class1>()
```

2. 使用 every returns 來設定當 class1.getName 被呼叫時，回傳字串 B

```
every { class1.getName() }.returns("B")
```

3. 呼叫 class1.getName 時則會回傳 B

```
val name = class1.getName()
println(name) //B
```

Relaxed mock

如果你 Mock 一個物件，在執行某個函式之間沒有先使用 every return 來設定回傳行為，則會得到錯誤訊息。這是因為 MockK 預設較為嚴謹，對於 Mock 的物件，你必須指定被呼叫時應怎麼處理。

```
class Class1 {
    fun getName(): String {
        return "A"
    }

    fun getScore():Int{
        return 1
    }
}

val class1 = mockk<Class1>()
// 這裡只有設定 getName，而沒有設定 getScore
every { class1.getName() }.returns("B")
val name = class1.getName()
val score = class1.getScore()
```

執行後得到錯誤訊息

```
no answer found for: Class1(#1).getName()
```

對於這樣的情境，每個函式都要加 every returns 是有點麻煩的。使用 relaxed=true 把所有的函式都設定預設回傳行為，就可以避免沒有設定到而產生錯誤。

```
val class1 = mockk<Class1>(relaxed = true)
val name = class1.getName()
```

或者使用 relaxUnitFun = true ，代表只有回傳值是 Unit 時生效。

```
val class1 = mockk<Class1>(relaxUnitFun = true)
val name = class1.getName()
```

Annotation

除了用 mockk<Class> 來 Mock 一個物件，也可以使用 Annotation 的方式在初始化時就直接 Mock。

```
@Mockk
lateinit var class1: Class1

@RelaxedMockK
lateinit var class1: Class1

@MockK(relaxUnitFun = true)
lateinit var class1: Class1

@Before
fun setUp(){
```

```
    MockKAnnotations.init(this)
}
```

MockEnum

MockK 也支援 Enum 的 Mock。

```
enum class Direction(val code:Int) {
    NORTH(0), SOUTH(1), WEST(2), EAST(3)
}

mockkObject(Class1.Direction.WEST)
every { Class1.Direction.WEST.code } returns 1
assertEquals(1, Class1.Direction.WEST.code)
```

vararg

在函式裡也支援使用 vararg。

- varargAllInt 指定可以傳入多個固定的值。
- anyIntVararg 指定可以傳入任何的 vararg。
- varargAnyInt { nArgs > 3 } 指定傳入符合條件的 vararg。

```
class Class1 {
fun doMany(vararg numbers:Int) : Int{
        return 0
    }
}

val class1 = mockk<Class1>()
every { class1.doMany(1, 2, *varargAllInt { it == 5 }) } returns 1
println(class1.doMany(1, 2, 5)) // 1
```

```
println(class1.doMany(1, 2, 5, 5)) // 1
println(class1.doMany(1, 2, 5, 5)) // 1

every { class1.doMany(1, 2, *anyIntVararg(), 5) } returns 2
println(class1.doMany(1, 2, 3, 5)) // 2
println(class1.doMany(1, 2, 4, 5)) // 2
println(class1.doMany(1, 2, 3, 4, 5)) // 2

every { class1.doMany(1, 2, *varargAnyInt { nArgs > 3 }, 6) } returns 3
println(class1.doMany(1, 2, 4, 6)) // 3
println(class1.doMany(1, 2, 5, 6)) // 3
```

Capture

Capture 用來擷取方法的參數。

```
class Class1 {
fun setName(s: String) {}
}

val class1 = mockk<Class1>()
// 建立一個 CapturingSlot
val slot = slot<String>()
every { class1.setName(capture(slot))
class1.setName("A")
assertEquals("A", slot.captured)
```

Validators

驗證某個函式是否有被呼叫到

```
val class1 = mockk<Class1>()
```

```
every { class1.doA() } just Runs

class1.doA()

verify {
    class1.doA()
}
```

驗證多個函式 doA() 及 doB() 是否被驗證

```
val class1 = mockk<Class1>()
every { class1.doA() } just Runs

class1.doA()
class1.doB()

verify {
    class1.doA()
class1.doB()
}
```

驗證被呼叫的次數

```
exactly 指定被呼叫幾次。
atLeast 最少被呼叫幾次。
atMost 最多被呼叫幾次。


verify(exactly = 2) { class1.doA() }
verify(atLeast = 2) { class1.doA() }
verify(atMost = 2) { class1.doA() }
```

verifySequence

驗證被呼叫的函式，順序及被呼叫次數都必須完全一樣。

```
val class1 = mockk<Class1>(relaxUnitFun = true)
class1.doA()
class1.doB()
class1.doB()
verifySequence {
    class1.doA()
    class1.doB()
    class1.doB()
}
```

verifyOrder

驗證被呼叫的函式，僅需要順序正確，只要 doB() 是在 doA() 之後被呼叫。

```
val class1 = mockk<Class1>(relaxUnitFun = true)
class1.doA()
class1.doC()
class1.doB()
class1.doB()
verifyOrder {
    class1.doA()
    class1.doB()
}
```

驗證 TimeOut

```
val class1 = mockk<Class1>(relaxed = true)

Thread {
    Thread.sleep(2000)
```

```
    class1.doA()
}.start()

// 執行時間超過 3 秒就會 TimeOut
verify(timeout = 3000) { class1.doA() }
```

Matchers
. . . .

eq，用來驗證方法裡的參數是否正確

```
val class1 = mockk<Class1>(relaxUnitFun = true)
class1.setName("A")
verify { class1.setName(eq("A")) }
verify { class1.setName(any()) }
```

range、less、more

- range：在範圍之間
- less：小於
- more：大於

```
val class1 = mockk<Class1>(relaxed = true)
class1.setScore(1)
val a = 1
verifyAll {
    class1.setScore(range(1,5))
    class1.setScore(less(2))
    class1.setScore(more(0))
}
```

excludeRecords

指定在 verify 裡，不應被呼叫到的函式。

```
val class1 = mockk<Class1>(relaxed = true)
excludeRecords { class1.doA() }
class1.doA()
class1.doB()
verify {
    class1.doB()
    class1.doA()
    // 如果這裡有寫 class1.doA() 就會錯
}
```

範例：雨傘晴天 9 折

我們同樣用 MockK 來處理賣雨傘的範例。

在模擬天氣固定要回傳晴天時，使用 every returns

```
@Test
fun totalPrice_sunnyDay(){
    val umbrella = Umbrella()
    val weather = mockk<IWeather>()
    every { weather.isSunny() } returns true
    val actual = umbrella.totalPrice(weather, 3,100)
    val expected = 270
    Assert.assertEquals(expected, actual)
}
```

另一個下訂單發送 Mail 的範例，也改成用 CapturingSlot 來驗證是否有傳送正確的參數。

```
@Test
fun insertOrderWithMockk() {
    val order = Order()
    val mockEmailUtil = mockk<IEmailUtil>()
    val userEmail = "someMail@gmail.com"
    // 驗證是否有呼叫 sendCustomer，並傳入正確的 userEmail
    val slot = CapturingSlot<String>()
    every { mockEmailUtil.sendCustomer(capture(slot)) }.answers {
        assertEquals(userEmail, slot.captured)
    }
    order.insertOrder(userEmail, 1, 200, mockEmailUtil)
}
```

範例下載

https://github.com/evanchen76/MockKSample2

小結

假物件分為

Stub：用來模擬外部相依物件的回傳結果。

Mock：用來驗證目標與相依物件的互動。

Mock 框架：

Mockito：Java 使用的 Mock 框架

Mockk：Kotlin 使用的 Mock 框架

Android 單元測試

Android 的測試分為：

- Local unit test
- Instrumented unit test
- UI test

Local unit test：

Local unit test 只在 Local 的機器上執行，也就是在 JVM(Java Virtual Machine) 上執行。這種單元測試不依賴於 Android 框架，所以不需要安裝 APK，執行的速度較快。在上個章節，我們所提到的測試都是屬於此類的單元測試。

Instrumented unit test：

Instrumented unit test 也是單元測試，只是需在 Android 裝置或模擬器上執行。這些測試需要 Android framework。執行的速度慢，因為你必須產生 APK 並安裝在裝置或模擬器上執行。

UI test：

用來驗證使用者的操作行為。例如點擊按鈕、輸入文字。基本上就是使用者真正會在 app 操作的事，而這就要使用 Android framework，因為你會直接接觸到 UI，也一定要安裝在 Android 裝置或模擬器。這些 UI 測試，我們將使用 Espresso 來進行測試。

Local unit test 總是我們最優先考量的，因為測試速度最快、最穩定。如果被測試的物件與 Android framework 相依，可以使用 Robolectric 這個第三方元件，來模擬 Android framework。也就是可以像 Local unit tests 一樣在 JVM 就可以執行。

這三種測試程式放在以下目錄：

- app/src/main/java - Android 程式碼，通常會以產品程式碼來稱像這樣的程式。
- app/src/test/java - Local Unit tests，在 JVM 執行的單元測試。
- app/src/androidTest/java - Instrumented unit tests 、UI 測試，需要在 Android Device 上執行。

在 2017 的 Google I/O 大會，Google 說明了在 Android 的測試金字塔 (圖 3-1)：

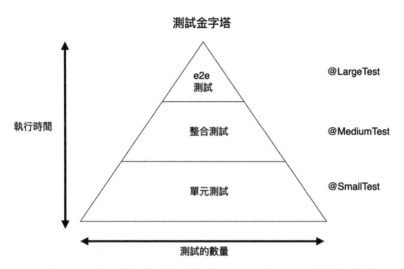

測試金字塔

▲ 圖 3-1　測試金字塔（圖片參考 Google IO 2017 測試金字塔）

最底層的是單元測試，這裡的測試速度是最快的。第二層及第三層則適合在實體裝置或模擬器執行，這兩層的測試會讓你知道你的 App 是真的可以在手機裡執行的，但當這裡的測試有錯時，較不容易找到原因，而且測試的速度較慢，因為你會需要編譯一個 APK 安裝在實體裝置或模擬器上執行。

寫在單元測試的商業邏輯重要，但 UI test、Instrumented test 測試一樣重要，因為只要有任一出錯，使用者體驗就是不好。Google 則是建議 70% small，20 % medium，10 % large。因為測試也是有代價的，UI 測試特別的花時間。事實上，測試金字塔只是要告訴大家測試自動化要有不同的層度，每一層的效益、花的時間都是不一樣的。希望大家在投入資源時能做有效的運用。

Android 之所以難以測試的其中一個原因就是與 Android framework 相依。這一章也將使用第一章所介紹的依賴注入、Mock、Stub、Mockito 這些技巧來解開這些 Android 的相依。

3.1 第一個 Android 單元測試

正式進入 Android 的測試，開始使用 Android Studio 來開發。新增專案後一樣會看到在 Gradle 已經加入測試框架 JUnit。

圖 3-2 所示，測試程式目錄：

- app/src/test 這是我們要放單元測試的地方。
- app/src/AndroidTest 則是放需要 Android framework 的測試，也就是 Instrumented tests。放在這個目錄的測試只能執行在 Android 裝置或模擬器。

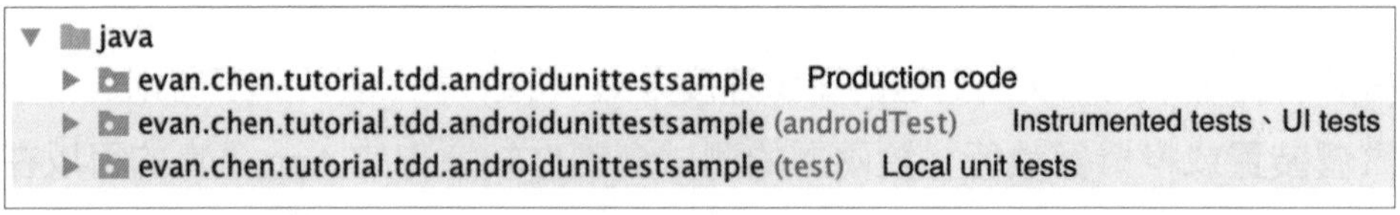

```
▼ 📁 java
   ▶ 📁 evan.chen.tutorial.tdd.androidunittestsample       Production code
   ▶ 📁 evan.chen.tutorial.tdd.androidunittestsample (androidTest)    Instrumented tests、UI tests
   ▶ 📁 evan.chen.tutorial.tdd.androidunittestsample (test)     Local unit tests
```

▲ 圖 3-2　目錄結構

開始第一個 Android 單元測試

在開發 Android App 時，最常寫到的就是 Activity 了。很容易的就會把過多的邏輯都寫在 Activity。而單元測試要寫的好，第一個就是把不需要寫在 Activity 的都提出。以下的範例將示範將不需要寫在 Activity 的功能提出來，為這些邏輯加上測試。

範例 - 填寫註冊表單

如圖 3-3，這是一個註冊會員的功能，輸入帳號及密碼後可註冊為會員。

功能描述：

1. 帳號至少需 6 碼，第 1 碼為英文。

2. 密碼至少需 8 碼，第 1 碼為英文，並包含 1 碼數字。

3. 點擊「註冊」，若失敗則使用 AlertDialog 告訴使用者失敗原因。

4. 點擊「註冊」，若成功則導致註冊成功頁。

這個範例先不考慮要註冊會員需要呼叫 Web API。只是單純的將帳號密碼填好後，做資料檢查，如果符合帳號及密碼的格式就視為成功。

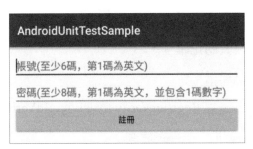

▲ 圖 3-3　註冊會員

為「註冊」的按鈕加上事件，在 Activity 的 onCreate 加上 setOnClickListener，檢核帳號是否符合規則。

```kotlin
send.setOnClickListener {
    val loginId = loginId.text.toString()
    val pwd = password.text.toString()
    var isLoginIdOK = false
    // 帳號至少 6 碼，第 1 碼為英文，
    if (loginId.length >= 8) {
        if (loginId.toUpperCase().first() in 'A'..'Z') {
            isLoginIdOK = true
        }
    }
```

```
    ...
}
```

這裡有一段檢核帳號的邏輯：帳號至少需 6 碼且第 1 碼需為英文。我們想要寫一個測試來檢核邏輯是否正確。當你把這些邏輯都寫在 Activity，你會發現變得難以測試。

透過擷取方法讓程式可被測試

這一段檢核帳號密碼欄位規則的邏輯跟 UI 沒什麼關係，我們可以把他提出到一個類別來檢核帳號的正確性。

1. 新增類別 RegisterVerify
2. 將檢核帳號提出方法到 RegisterVerify 的 isLoginIdVerify

```kotlin
class RegisterVerify {
    fun isLoginIdVerify(loginId: String): Boolean {
        var isLoginIdOK = false
        // 帳號至少 6 碼，第 1 碼為英文，
        if (loginId.length >= 6) {
            if (loginId.toUpperCase().first() in 'A'..'Z') {
                isLoginIdOK = true
            }
        }
        return isLoginIdOK
    }
}
```

3. 原 Activity，則將檢核方式改為呼叫

```kotlin
RegisterVerify().isLoginVerify(loginId)
var isLoginIdOK = RegisterVerify().isLoginIdVerify(loginId)
```

開始寫測試

將驗證的邏輯提出到 RegisterVerify 類別後，我們就可以針對它去測試。

1. 如圖 3-4 所示，在 test 新增類別：RegisterVerifyTest。
2. 新增測試方法：isLoginIdVerify()。

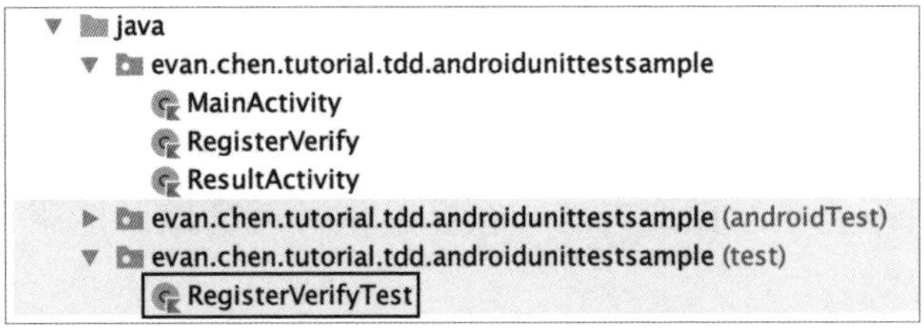

▲ 圖 3-4　在 test 新增 RegisterVerify

```kotlin
class RegisterVerifyTest {
    @Test
    fun loginVerifyTrue() {
        val registerVerify = RegisterVerify()
        // 驗證帳號為 A123456，長度滿 6 個字，驗證結果應為 true
        assertTrue(registerVerify.isLoginIdVerify("A123456"))
    }

    @Test
    fun loginVerifyFalse() {
        val registerVerify = RegisterVerify()
        // 驗證帳號為 A12345，長度不滿 6 個，驗證結果應為 false
        assertFalse(registerVerify.isLoginIdVerify("A1234"))
    }
}
```

點選綠色三角形執行測試後可看到如圖 3-5 所示，結果為綠燈，通過測試。

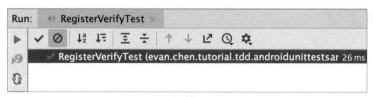

▲ 圖 3-5　　測試成功

像這些用來檢核輸入欄位規則的功能，例如密碼規則、Email、手機號碼規則。花一點時間為這些檢核撰寫測試非常值得。因為通常這些驗證的正確性都很重要的，也容易寫錯。但寫起測試卻是很簡單，簡單的擷取方法就可以做到。可不要小看擷取方法，很多時候，就樣做就能讓你的重要程式可以被測試到。

「把在 Activity 裡跟 View 無關的程式，可以提出的都提出。」

當然也不是所有跟 View 無關的程式碼，都這麼容易用擷取方法處理。更進階的方法，我們就留到架構篇再介紹怎麼讓 View 更乾淨。

另外，現實生活你可不能像這個範例，把產品程式碼在沒有測試保護的情況，就直接修改。如果你完全沒有單元測試保護下要進行重構，建議你可以先建立一個 UI 測試來保護你現有的程式碼再進行重構。

....

範例下載

https://github.com/evanchen76/AndroidUnitTestSample

....

小技巧

擷取方法的快速鍵 Command + Option + M (Ctrl + Alt + M)

....

3.2 Mock Android Framework

我們曾提到，如果被測試物件與 Android framework 相依，這個測試時就會是 Instrumented tests，需要在實體裝置或模擬器執行。這會讓你的測試變慢，這一節將介紹怎麼透過 Mock Android framework 讓你仍可以使用 Local unit tests。

延續註冊的案例。這次我們想要讓使用者在註冊成功時，把註冊的帳號儲存在 App 裡以便後續使用。而儲存資料，第一個會想到要用的就是 SharedPreference 了。

我們已經知道寫在 Activity 的不好測試，所以建立一個 Repository 來處理儲存帳號至 SharedPreference。

```kotlin
class Repository(val context: Context) {
    // 儲存 UserId 至 SharePreference
    fun saveUserId(id: String) {
        val sharedPreference = context.getSharedPreferences("USER_DATA",
Context.MODE_PRIVATE)
        sharedPreference.edit().putString("USER_ID", id).commit()
    }
}
```

在 Activity 註冊成功時呼叫儲存 Repository(this).saveUserId(loginId)。

```kotlin
class MainActivity : AppCompatActivity() {

    override fun onCreate(savedInstanceState: Bundle?) {
        super.onCreate(savedInstanceState)
        setContentView(R.layout.activity_main)
```

```
    send.setOnClickListener {
        …
        // 註冊成功，儲存 Id
        Repository(this).saveUserId(loginId)
    }
}
```

測試 Repository

在 saveUserId() 裡的 SharedPreference 使用到 Context，所以它會是一個 Instrumented tests。但是我們希望可以用 Local unit tests 在 JVM 上測試，因為這樣測試的速度較快。

在 Gradle 加上 Mockk 框架，我們將使用 Mockk 來模擬與 SharedPreference 的互動。還記得我們在介紹假物件 Mock 時，曾提到這樣的做法。

```
dependencies {
    testImplementation 'io.mockk:mockk:1.9.3'
}
```

步驟

1. Mock Context、SharedPreference。
2. 使用 every returns 讓產品程式碼呼叫 sharedPreference 時回傳模擬的物件。
3. 執行被測試物件：Activity 呼叫 repository.saveUserId()。
4. 使用 verify method，驗證模擬物件是否有呼叫 putString，並傳入正確的參數。
5. 檢查 SharedPreference 是否有呼叫 commit。

```
@Test
fun saveUserId() {
    // 步驟 1 Mock Context、SharePreference
    val sharedPrefs = mockk<SharedPreferences>(relaxed = true)
    val sharedPrefsEditor = mockk<SharedPreferences.Editor>(relaxed = true)
    val context = mockk<Context>(relaxed = true)

    // 步驟 2 使用 every returns 讓呼叫 sharedPreference 時回傳模擬的物件
    every{context.getSharedPreferences(any(), any())}.returns(sharedPrefs)
    every{sharedPrefs.edit()}.returns(sharedPrefsEditor)
    every{sharedPrefsEditor.putString(any(), any())}.returns
(sharedPrefsEditor)

    val userId = "A1234567"
    val preKey = "USER_ID"

    // 步驟 3. 執行被測試物件：Act 呼叫 repository.saveUserId()
    val repository = Repository(context)
    repository.saveUserId(userId)

    // 步驟 4. 使用 verify 驗證模擬物件是否有呼叫 putString 及傳入正確的參數。
    verify{sharedPrefsEditor.putString(eq(preKey), eq(userId)) }

    // 步驟 5. 檢查 SharedPreference 是否有呼叫 commit
    verify{sharedPrefsEditor.commit()} }
```

點綠色三角型，執行測試。

如圖 3-6 呈現，可以看到測試通過，測試的時間是 20ms，這樣的 Local tests 比起直接用 Instrument tests 快多了。

▲ 圖 3-6　　測試成功

....

範例下載

https://github.com/evanchen76/MockSharedPreference

....

3.3 Instrumented Tests

把所有跟 Android framework 的相依都用 Mock 去模擬及隔離，有時不見得是好的選擇。因為你不會知道在 Android 裝置上是不是真的可以執行。

在上一個範例 SharedPreference 的測試，為了讓測試速度較快，我們用模擬物件來驗證 Context、SharedPreference 的互動，來讓這個測試能在 JVM 執行 (如圖 3-7)。

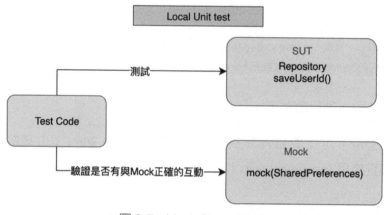

▲ 圖 3-7　Mock SharedPreference

接著要介紹另一個方法，將測試拆分為 2 個部分。先建立處理 SharedPreference 儲存資料的物件 SharedPreferenceManager，所有的儲存資料都由這個類別處理。我們將寫一個 Instrumented test 來測試是否真的有將資料儲存進去，而非用 Mock 的方式。對於原本的 Repository.saveUserId 的測試，只需要知道有成功呼叫 ISharedPreferenceManger，並傳入正確的參數即可。

如圖 3-8，將之拆為 2 個測試：

- Local Unit test：
  測試 Repository.saveUserId 與 ISharedPreferenceManager 的互動。
- Instrumented test：
  測試 SharePreference 是否有儲存成功。

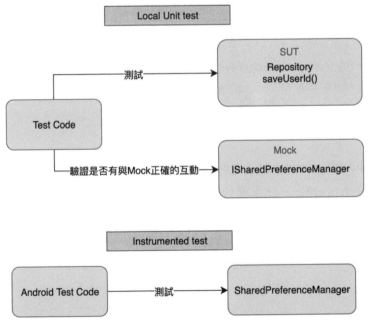

▲ 圖 3-8　Local Unit Test 與 Instrumented Test

1. 新增 SharedPreferenceManager，這個類別用來統一處理 SharedPreference 儲存資料。

2. 在這裡新增一個 saveString、getString，只要是存取字串都可以用這個 Manager 來處理。

```kotlin
class SharedPreferenceManager(override val context: Context) :
ISharedPreferenceManager {
    private val sharedPreferenceKey = "USER_DATA"
    var sharedPreference: SharedPreferences
    init {
        sharedPreference = context.getSharedPreferences(sharedPreferenceKey,
Context.MODE_PRIVATE)
    }

    override fun saveString(key: String, value: String){
        sharedPreference.edit().putString(key, value).commit()
    }

    override fun getString(key: String): String {
        return sharedPreference.getString(key, "")
    }
}
```

有 了 SharedPreferenceManager，Repository 就 可 以 直 接 呼 叫 SharedPreferenceManager 來儲存使用者帳號。

```kotlin
class Repository(val sharedPreferenceManager: ISharedPreferenceManager) {
    fun saveUserId(id: String) {
        sharedPreferenceManager.saveString("USER_ID", id)
    }
}
```

Local Unit Test

驗證 Repository 是否有呼叫 SharedPreferenceManager.saveString()

```
@Test
fun saveUserId() {
    val mockSharedPreferenceManager = mock(ISharedPreferenceManager::
class.java)
    val userId = "A1234567"
    val preKey = "USER_ID"
    val repository = Repository(mockSharedPreferenceManager)
    //Act 呼叫 repository.saveUserId()
    repository.saveUserId(userId)
    //Assert
    verify(mockSharedPreferenceManager).saveString(preKey, userId)
}
```

Instrumented Test

在 Instrumented Test 直接測試 SharedPreference 是否有儲存資料成功。

```
@RunWith(AndroidJUnit4::class)
class SharedPreferenceManagerTest {
    @Test
    fun useAppContext() {
        // Context of the app under test.
        val appContext = InstrumentationRegistry.getTargetContext()
        val key = "User_Id"
        val value = "A123456789"
        val sharedPreferenceManager: ISharedPreferenceManager =
SharedPreferenceManager(appContext)
        sharedPreferenceManager.saveString(key, value)
```

```
        val valueFromSP = sharedPreferenceManager.getString(key)
        // 將 SharedPreference 取出，驗證結果
        Assert.assertEquals(value, valueFromSP)
    }
}
```

執行測試時，你可以看到 Android Studio 會開啟模擬器或手機，代表這是一個 Instrumented test。雖然這樣的測試較花時間，但我們已提出 SharedPreferenceManager 來處理所有的 SharedPreference 儲存資料，如果有別的欄位要儲存時，事實上是不需要再異動 SharedPreferenceManger，也不需要新增額外的 Android test。

不是遇到 Android framework，就一定是用 mock 來處理。

以這個範例，只有 SharedPreferenceManager 需要用 Instrumented test。我們改成了在 Repository 呼叫 ISharedPreferenceManager 這個介面，所以 Repository 仍可以用單元測試的方式來驗證是否與 Interface 有正確的互動，也就成功呼叫 saveString 並且傳送了正確的參數。

因為你可能會經常使用 SharedPreference 來存取資料。在 Repository 我們保留 Local Unit test 來提高測試的效率。在 SharedPreferenceManager，這裡就直接使用 Instrumented test，較接近真實的情況。

・・

範例下載

https://github.com/evanchen76/InstrumentedTestSample
・・

3.4 UI 測試：使用 Espresso

UI 測試在 Android 的所有測試裡執行起來最花費時間的，成本也最高。但仍是有撰寫 UI 測試的必要，因為我們需要測試使用者真正使用 App 的情境。Espresso 是一個讓你可以撰寫 Android UI 測試的框架。你可以用 id 或文字的方式來取得一個元件，模擬使用者點擊、輸入資料等使用者行為及驗證 App 上是否有出現預期的功能。

在指定 Id 上的 EditText 上輸入文字

```
// 在 id 為 someId 的元件上輸入 Some Text
onView(withId(R.id.someId)).perform(typeText("Some Text"))
```

withText 比對文字

如果你無法用指定 id 的方式來取得元件，也可以用 withText 比對文字的方式來取得元件。

```
// 取得是否有文字為 Some text 的元件存在
onView(withText("Some text")).check(matches(isDisplayed()))
```

點擊按鈕

```
// 點擊 Id 為 button 的元件
onView(withId(R.id.button)).perform(click())
```

環境設定

在 buide.gralde 加上

```
dependencies {
    androidTestImplementation 'com.android.support.test:rules:1.0.2'
    androidTestImplementation 'com.android.support.test:runner:1.0.2'
    androidTestImplementation 'com.android.support.test.
espresso:espresso-core:3.0.2'
}
```

範例

我們延續之前的範例註冊功能來示範 UI 測試。UI 測試的程式跟 Instrumented test 一樣都是放在 androidTest 裡。

如圖 3-9，在 AndroidTest 新增測試類別 RegisterTest。

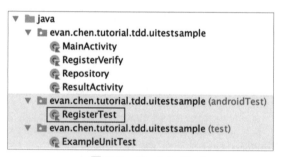

▲ 圖 3-9　RegisterTest

在 RegisterTest 上方加上 @LargeTest。

當你會用到網路存取資料、資料庫、多執行緒等等較花費時間，在你的測試類別上方加上 @LargeTest。測試執行時間會超過 1 秒的，一般都會被歸為 LargeTest。

```
@LargeTest
class RegisterTest {


}
```

開始測試

首先使用 Espresso 來開啟被測試的 Activity。使用 ActivityTestRule 來設定
測試目標 Activity，可以讓你在開始測試之前，先開啟被測試的 Activity。

```
class RegisterTest {
    @Rule
    @JvmField
    var activityActivityTestRule = ActivityTestRule(MainActivity::class.
java)
}
```

我們先為註冊成功撰寫一個 UI 測試，當輸入正確的帳號密碼時，會開啟至
下一頁顯示註冊成功。

```
@Test
fun rightPassword_should_startActivity() {
    // 輸入帳號
    onView(withId(R.id.loginId)).perform(typeText("a123456789"),
ViewActions.closeSoftKeyboard())

    // 輸入密碼
    onView(withId(R.id.password)).perform(typeText("a111111111"),
ViewActions.closeSoftKeyboard())

    // 點選註冊按鈕
    onView(withId(R.id.send)).perform(click())

    // 註冊成功，導致成功頁。
    onView(withText(" 註冊成功 ")).check(matches(isDisplayed()))
}
```

在圖 3-10 綠色三角型的地方執行 UI 測試，就可以看到模擬器被開起來自動測試。

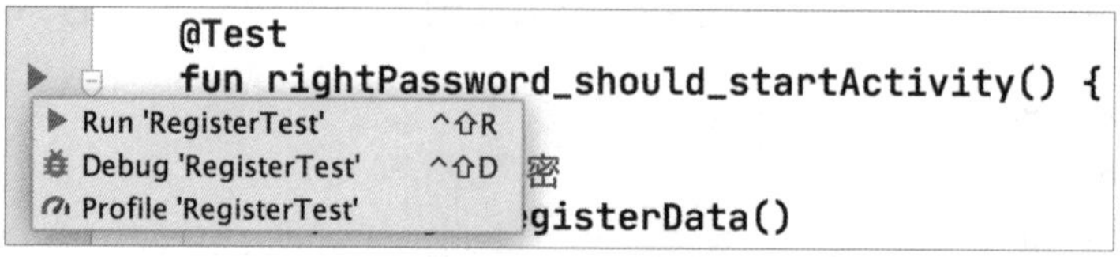

▲ 圖 3-10　執行 UI 測試 RegisterTest

註冊失敗也是需要測試的。註冊失敗需要驗證是否有 Alert。

```
@Test
fun wrongPassword_should_alert() {
    // 輸入帳號
    onView(withId(R.id.loginId)).perform(typeText("a123456789"),
ViewActions.closeSoftKeyboard())

    // 輸入密碼
    onView(withId(R.id.password)).perform(typeText("1234"), ViewActions.
closeSoftKeyboard())

    // 點選註冊按鈕
    onView(withId(R.id.send)).perform(click())

    // 註冊失敗，Alert
    onView(withText(" 錯誤 "))
        .inRoot(isDialog())
        .check(matches(isDisplayed()))
}
```

一樣執行測試，就可以看到測試通過的綠燈了。這裡我們重構一下測試程式碼。

```kotlin
@Test
fun rightPassword_should_startActivity() {
    // 輸入帳號
    onView(withId(R.id.loginId)).perform(typeText("a123456789"),
ViewActions.closeSoftKeyboard())

    // 輸入密碼
    onView(withId(R.id.password)).perform(typeText("a111111111"),
ViewActions.closeSoftKeyboard())
    ...
}
```

把輸入帳號及密碼擷取方法，在解讀測試案例時，我們只要知道輸入的帳密是可以通過檢查的，細節我們應該將其封裝起來。

```kotlin
@Test
fun rightPassword_should_startActivity() {
    // 輸入正確的帳密
    inputRightRegisterData()
    ...
}
```

同樣的，將註冊失敗的輸入錯誤帳密的部分，重構為一個方法 inputWrongRegisterData。

```kotlin
@Test
fun wrongPassword_should_alert() {
    inputWrongRegisterData()
    ...
}
```

Espresso 其他驗證的方式

- text is：檢查文字內容是否為該文字。
- exists：檢查 View 元件是存在於螢幕可見的 View 中。
- does not exist：檢查 View 元件是否不存在於螢幕可見的 View 中。

範例下載

https://github.com/evanchen76/uitestsample

3.5 Robolectric

Robloectirc 可以讓你用單元測試的方式來執行 Android Tests。

我們已經寫了以下這三種測試：

- Unit 測試：在 JVM 上執行的單元測試。
- Instrumented 測試：與 Android framework 相依，需在模擬器或實機上執行測試。
- UI 測試：一樣要在模擬器或實機上測試，UI 測試更注重使用者的互動。

Instrumented 測試與 UI 測試都需要在模擬器或實機上執行，執行起來很花時間。這裡要介紹的 Robolectric，讓你可以用單元測試的方式來執行 Android Tests，也就是可以在 JVM 上執行測試，大大的提升了執行測試的效率。

延續上一個註冊的範例。這次我們要用 Robolectric 單元測試的方式來驗證跟 View 的行為：

- 當註冊失敗，則 Alert「註冊失敗」。
- 當註冊成功，則 StartActivity 開啟註冊成功頁。

Robolectric 環境設定

```
buide.gradle

android{
    testOptions.unitTests.includeAndroidResources = true
}

dependencies {
    testImplementation "org.robolectric:robolectric:4.3"
}
```

開始測試

在 Activity 的程式碼，負責了這 3 件事情。

1. 帳號輸入錯誤，需 Alert。
2. 密碼輸入錯誤，需 Alert。
3. 註冊成功，需 StartActivity 至註冊成功頁。

```
if (!isLoginIdOK) {
    // 註冊失敗，資料填寫錯誤
    val builder = AlertDialog.Builder(this)
    builder.setMessage(" 帳號至少要 6 碼，第 1 碼為英文 ").setTitle(" 錯誤 ")
    builder.show()
```

```
} else if (!isPwdOK) {
    val builder = AlertDialog.Builder(this)
    builder.setMessage(" 密碼至少要 8 碼，第 1 碼為英文，並包含 1 碼數字 ").
setTitle(" 錯誤 ")
    builder.show()
} else {
    // 註冊成功，儲存 Id
    Repository(this).saveUserId(loginId)
    val intent = Intent(this, ResultActivity::class.java)
    intent.putExtra("ID", loginId)     startActivity(intent)
}
```

測試註冊成功

1. 新增 MainActivityTest，因為是在 JVM 執行，測試程式要放在 test 的目錄，而不是 androidTest。

2. 在測試程式的 setup 使用 Robolectric 來初始化 MainActivity。

```
private lateinit var activity: MainActivity

@Before
fun setupActivity() {
    activity = Robolectric.buildActivity(MainActivity::class.java).
setup().get()
}
```

新增一個測試，驗證註冊成功是否有開啟 ResultActivity

```
@Test
fun registerSuccessShouldDirectToResult() {

}
```

要知道被測試的 Activity 有沒有呼叫 startActivity 開啟指定的 Activity，需要建立一個 ShadowActivity 用來觀察是否有開啟別的 Activity。

```
@Test
fun registerSuccessShouldDirectToResult() {
    val shadowActivity = Shadows.shadowOf(activity)
}
```

在 loginId, password 輸入欄位，放入可以通過註冊驗證的值，確保待會執行測試會是走註冊成功的流程。

```
@Test
fun registerSuccessShouldDirectToResult() {
    //arrange
    val shadowActivity = Shadows.shadowOf(activity)
    val userId = "A123456789"
    val userPassword = "a123456789"
    activity.loginId.setText(userId)
    activity.password.setText(userPassword)
}
```

點下註冊按鈕，驗證是否有開啟 ResultActivity，這裡要驗證的重點是 Intent 的資料是否正確。

1. Intent 目的地 Activity
2. Intent 的 size
3. Intent 傳送的 key 與 value

```
@Test
fun registerSuccessShouldDirectToResult() {
    ...
    // 點下註冊按鈕
```

```
    activity.send.performClick()
    // 驗證註冊成功時，是否有開啟 ResultActivity
    val nextIntent = shadowActivity.nextStartedActivity
    assertEquals(nextIntent.component!!.className, ResultActivity::class.
java.name)
    assertEquals(1, nextIntent.extras!!.size())
    assertEquals(userId, nextIntent.extras!!.getString("ID"))
}
```

測試註冊失敗應 Alert

要測試註冊失敗有沒有跳出 Alert 時，可以使用 ShadowAlertDialog. getLatestDialog() 進行驗證。

```
@Test
fun registerFailShouldAlert() {
    val userId = "A1234"
    val userPassword = "a123456789"
    activity.loginId.setText(userId)
    activity.password.setText(userPassword)
    // 點下註冊按鈕
    activity.send.performClick()
    val dialog = ShadowAlertDialog.getLatestDialog()

    assertNotNull(dialog)
    assertTrue(dialog.isShowing)
}
```

Robolectric 讓我們像單元測試一樣的測試與 Android UI 元件的互動。

我們曾提過一個好的單元測試應具備獨立 (Independent) 的特性。這裡的測試存在一個問題，當 send.setOnClickListener 被觸發時，會呼叫

RegisterVerify().isLoginIdVerify 檢查帳號是否正確,那如果這個功能壞掉了呢?那是不是在這個測試我想驗證的註冊成功是否 startActivity 就沒被驗證到了。

```kotlin
send.setOnClickListener { it: View!

    val loginId : String  = loginId.text.toString()
    val pwd : String  = password.text.toString()

    //檢核帳號是否正確
    val isLoginIdOK : Boolean  = RegisterVerify().isLoginIdVerify(loginId)

    //檢核密碼是否正確
    val isPwdOK : Boolean  = RegisterVerify().isPasswordVerify(pwd)
                    如果上面呼叫的方法壞掉了,下面的測試也會受影響。
    if (!isLoginIdOK) {
        // 註冊失敗,資料填寫錯誤
        val builder = AlertDialog.Builder( context: this)
        builder.setMessage("帳號至少要6碼,第1碼為英文").setTitle("錯誤")
        builder.show()
```

這裡給大家一個練習,讓大家可以先想看看怎麼解決。我們在介紹 MVP、MVVM 時,再來說明怎麼把 View 的處理再獨立出來。解決這個問題。

範例下載

https://github.com/evanchen76/RobolectricSample

小技巧

Shift + command + ; 列出最近執行的測試

3.6 使用 Custom View Components 提升 可測試性

Android 提供了讓你很方便將不同的 UI 元件組成一個客制化的 View。並將這個組合的 View 裡的邏輯封裝在一起。這一篇我們要來示範如何透過 Custom View Component 提高可測試性。圖 3-11 是一個購物車常見的購買份數選擇。像這樣的功能，就很適合做成一個 Component。

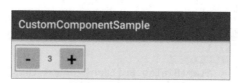

▲ 圖 3-11 選擇份數畫面

將「減」、「加」按鈕及中間的數字顯示，做成一個 Component。這樣的好處是 Activity 的程式碼會比較乾淨，加減 Button 的 Click 事件及邏輯在 Component 處理，而不在 Activity。寫測試也變得較方便，單獨針對這個 Component 測試就好。你不需要在每一個 Activity 去測試，當按下「+」 Button 時，TextView 的數字有沒有增加。

製作 Layout

新增一個 NumberSelect Layout，將 UI 元件放在這個 Layout 裡。這個 Layout 裡有一個「-」Button、「+」Button、TextView 數字

```
<LinearLayout x mlns:android=http://schemas.android.com/apk/res/android
  android:layout_width="wrap_content"
  android:layout_height="wrap_content"
  android:background="@drawable/number_select_background">
```

```
<Button
    android:id="@+id/minusButton"
    android:layout_width="50dp"
    android:layout_height="wrap_content"
    android:padding="0dp"
    android:text="-"
    android:textSize="32sp" />
<TextView
    android:id="@+id/valueTextView"
    android:layout_width="wrap_content"
    android:layout_height="wrap_content"
    android:width="30dp"
    android:gravity="center"
    android:layout_gravity="center_horizontal|center_vertical"
    android:textColor="@color/colorPrimary" />
<Button
    android:id="@+id/addButton"
    android:layout_width="50dp"
    android:layout_height="wrap_content"
    android:padding="0dp"
    android:text="+"
    android:textSize="32sp" />
</LinearLayout>
```

設定 Custom attributes

Custom attributes 可以讓你在使用 Component 時，直接指定 attribute 的值。
以這個範例，在使用 NumberSelect 時，可以直接指定數量的上下限及預設
值。在 values 裡新增 attrs.xml ，分別是 min_value 最小值、max_value 最大
值、default_value 預設值。

```xml
<?xml version="1.0" encoding="utf-8"?>
<resources>
  <declare-styleable name="NumberSelect">
  <attr name="default_value" format="integer" />
  <attr name="min_value" format="integer" />
  <attr name="max_value" format="integer" />
  </declare-styleable>
</resources>
```

在 Layout 設定屬性

attrs.xml 這裡設定好了之後，就可直接在 layout 上設定 defaultValue、minValue、maxValue 屬性。

```xml
<LinearLayout
xmlns:android="http://schemas.android.com/apk/res/android"
  xmlns:tools="http://schemas.android.com/tools"
  xmlns:app="http://schemas.android.com/apk/res-auto"
  android:layout_width="match_parent"
  android:layout_height="match_parent"
  android:orientation="vertical"
  android:layout_gravity="center"
  tools:context=".MainActivity">
  <evan.chen.tutorial.tdd.customcomponentsample.NumberSelect
    android:layout_width="wrap_content"
    android:layout_height="wrap_content"
    android:id="@+id/number_select"
    app:default_value="3"
    app:min_value="0"
    app:max_value="20" />
</LinearLayout>
```

建立類別 NumberSelect

這個類別會載入建好的 layout，並將 attributes 做處理。再新增類別的公開
方法：設定最大值、最小值、設定 listener。

```kotlin
class NumberSelect : LinearLayout {
    private lateinit var addButton: Button
    private lateinit var minusButton: Button
    private lateinit var valueTextView: TextView
    // 最小值
    private var minValue: Int = 0
    // 最大值
    private var maxValue: Int = 0
    // 預設值
    private var defaultValue: Int = 0
    // 目前數值
    var textValue: Int = 0
    private var listener: NumberSelectListener? = null

    interface NumberSelectListener {
        fun onValueChange(value: Int)
    }

    constructor(context: Context) : super(context) {
        init(context, null)
    }

    constructor(context: Context, attrs: AttributeSet) :
super(context, attrs) {
        init(context, attrs)
    }
```

```kotlin
        constructor(context: Context, attrs: AttributeSet, defStyle: Int)
: super(context, attrs, defStyle) {
            init(context, attrs)
        }

private fun init(context: Context, attrs: AttributeSet?) {
      View.inflate(context, R.layout.number_select, this)

      descendantFocusability = ViewGroup.FOCUS_BLOCK_DESCENDANTS
      this.addButton = findViewById(R.id.addButton)
      this.minusButton = findViewById(R.id.minusButton)
      this.valueTextView = findViewById(R.id.valueTextView)
      this.textValue = 0
      this.maxValue = Integer.MAX_VALUE
      this.minValue = 0

      if (attrs != null) {
          val attributes = context.theme.obtainStyledAttributes( attrs,
R.styleable.NumberSelect,0, 0)

          // 從 Layout 上 取得預設值
          this.maxValue = attributes.getInt(R.styleable.NumberSelect_
max_value, this.maxValue)
          this.minValue = attributes.getInt(R.styleable.NumberSelect_
min_value, this.minValue
          this.defaultValue = attributes.getInt(R.styleable.
NumberSelect_default_value, 0)
          this.valueTextView.text = defaultValue.toString()
          this.textValue = defaultValue
    )

      // 點下「+」Button，將 TextValue 數字 +1，並呼叫 listener.onValueChange
```

```kotlin
    this.addButton.setOnClickListener {
        addTextValue()
        if (listener != null) {
            listener!!.onValueChange(textValue)
        }
    }

    // 點下「-」Button，將 TextValue 數字 -1，並呼叫 listener.onValueChange
    this.minusButton.setOnClickListener {
        minusTextValue()
        if (listener != null) {
            listener!!.onValueChange(textValue)
        }
    }
}

fun setMaxValue(value: Int) {
    this.maxValue = value
    }

fun setMinValue(value: Int) {
    this.minValue = value
}

fun setDefaultValue(value: Int) {
    this.defaultValue = value
    this.textValue = value
}

private fun addTextValue() {
    if (this.textValue < this.maxValue) {
```

```kotlin
        this.textValue++
        this.valueTextView.text = this.textValue.toString()
    }
}


private fun minusTextValue() {
    if (this.textValue > this.minValue) {
        this.textValue--
        this.valueTextView.text = this.textValue.toString()
    }
}


fun setListener(listener: NumberSelectListener) {
        this.listener = listener
    }
}
```

使用 Custom component

寫好之後，就可以直接在 activity_main.xml 裡使用 NumberSelect 了。在 activity_main.xml 加入 NumberSelect Custom Component。

```xml
<?xml version="1.0" encoding="utf-8"?>
<LinearLayout
  xmlns:android="http://schemas.android.com/apk/res/android"
  xmlns:tools="http://schemas.android.com/tools"
  xmlns:app="http://schemas.android.com/apk/res-auto"
  android:layout_width="match_parent"
  android:layout_height="match_parent"
  android:orientation="vertical"
  android:layout_gravity="center"
  tools:context=".MainActivity">
```

```
    <evan.chen.tutorial.tdd.customcomponentsample.NumberSelect
        android:layout_width="wrap_content"
        android:layout_height="wrap_content"
        android:id="@+id/number_select"
        app:default_value="3"
        app:min_value="0"
        app:max_value="20"/>
</LinearLayout>
```

開始寫測試

在 AndroidTest 裡新增 NumberSelectAndroidTest，測試按下 AddButton 時，
textValue 應加 1。

```
@Test
fun testAddButtonThenValueShouldAdd() {
    val context = InstrumentationRegistry.getTargetContext()
    val numberSelect = NumberSelect(context)
    numberSelect.setDefaultValue(1)
    numberSelect.addButton.performClick()
    Assert.assertEquals(2, numberSelect.textValue)
}
```

測試，按下 MinusButton 時，textValue 應減 1。

```
@Test
fun testMinusButtonThenValueShouldMinus() {
    val context = InstrumentationRegistry.getTargetContext()
    val numberSelect = NumberSelect(context)
    numberSelect.setDefaultValue(2)
    numberSelect.minusButton.performClick()
    Assert.assertEquals(1, numberSelect.textValue)
}
```

測試，textValue 不能小於最小值 minValue。

```
@Test
fun testMinValueLimit() {
    val context = InstrumentationRegistry.getTargetContext()
    val numberSelect = NumberSelect(context)
    numberSelect.setDefaultValue(2)
    numberSelect.setMinValue(2)
    numberSelect.minusButton.performClick()
    Assert.assertEquals(2, numberSelect.textValue)
}
```

測試，textValue 不能大於最大值 maxValue。

```
@Test
fun testMaxValueLimit() {
    val context = InstrumentationRegistry.getTargetContext()
    val numberSelect = NumberSelect(context)
    numberSelect.setDefaultValue(2)
    numberSelect.setMaxValue(2)
    numberSelect.addButton.performClick()
    Assert.assertEquals(2, numberSelect.textValue)
}
```

像這樣的 CustomViewComponent，我們會用 Instrumented test 來測試。
而當被使用在 Activity 時，我們就會用 Espresso 的 UI 測試來測試整個
Activity 的呈現。

⋯⋯⋯⋯⋯⋯⋯⋯⋯⋯⋯⋯⋯⋯⋯⋯⋯⋯⋯⋯⋯⋯⋯⋯⋯⋯⋯⋯⋯⋯⋯⋯⋯⋯⋯⋯

範例下載

https://github.com/evanchen76/CustomComponentKotlinSample

⋯⋯⋯⋯⋯⋯⋯⋯⋯⋯⋯⋯⋯⋯⋯⋯⋯⋯⋯⋯⋯⋯⋯⋯⋯⋯⋯⋯⋯⋯⋯⋯⋯⋯⋯⋯

3.7 Gradle 測試環境設定

我們會用 Gradle 來設定做一些自動化的事，例如編譯 APK、執行測試、管理第三方元件。而這裡我們要透過設定 Gradle 來讓你能更方便的測試。

ProductFlavor

ProductFlavor 可以讓你在編譯 APK 時，選擇不同的版本。最常使用的就是將 APK 分為正式版本與開發版本，在正式與開發兩個版本連上不同的 WebAPI。而將 ProductFlavor 運用在測試時，我們也可以 ProductFlavor 將版本分為 prod 與 mock，讓我們可以在執行單元測試或 UI 測試時，指定到不同的程式。以下的這個範例將示範在 prod 與 mock 版本執行不同的 Repository。

在 build.gradle 裡加上 productFlavors，將版本分為 mock、prod，並設定不同的 ApplicationId。

```
android {
    ...
    productFlavors {
      mock {
        applicationId   "evan.chen.tutorial.tdd.productflavorssample.
mock"
      }
      prod {
        applicationId "evan.chen.tutorial.tdd.productflavorssample"
      }
    }
    flavorDimensions "default"
```

設定好之後，你就可以在 Build Variants 選擇要 Build 的版本 (見圖 3-12)。

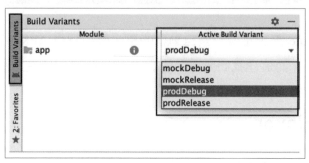

▲ 圖 3-12　在 Build Variants 選擇 Build 版本

如圖 3-13，將檢視方式切換到 Project，準備建立 prod、mock 的程式。

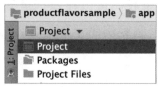

▲ 圖 3-13　將檢視方式切換到 Project

在 src 底下，建立 mock、prod 的 package。而我們想要在 prod 與 mock 執行不一樣的程式 ，在圖 3-14 就可以看到分別放在各自的目錄。

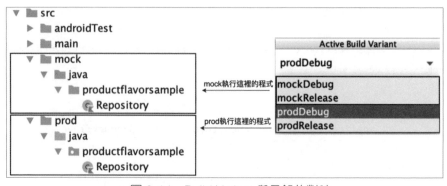

▲ 圖 3-14　Build Variant 與目錄的對映

prod 的 Repository 程式碼：

```
class Repository {
        fun getResult(): String {
                return "Result from Remote"
        }
}
```

mock 的 Repository 程式碼：

```
class Repository {
        fun getResult(): String {
                return "Result from Mock"
        }
}
```

Activity 在呼叫 Repository，就會依照現在是 build variant 是 prod 還是 mock 來執行不一樣的 Repository。這樣就可以在執行 prod 的版本時，呼叫 getResult 將回傳 Result from Remote，而在 mock 時，將會回傳 Result from Mock。

```
class MainActivity : AppCompatActivity() {
    override fun onCreate(savedInstanceState: Bundle?) {
                super.onCreate(savedInstanceState)
                setContentView(R.layout.activity_main)
                val repository =  Repository()
                val result = repository.getResult()
                textView.text = result
        }
}
```

設定 resource 的 String：

```
productFlavors {
    mock {
        applicationId "evan.chen.tutorial.tdd.productflavorssample.mock"
        resValue "string", "name", "from mock"
    }
    prod {
        applicationId "evan.chen.tutorial.tdd.productflavorssample"
        resValue "string", "name", "from prod"
    }
}
```

在 Activity，就可以在 mock 的版本與 prod 版本，取得不同的 resource.
string。

```
textView2.text = resources.getString(R.string.name)
```

使用 sourceSets 建立一個執行測試時才能使用的程式碼

我們想建立一個在測試時才會用到的測試工具類程式碼及測試才能用的資
源檔，在這個 sourceSets，test、androidTest 就各自指定了這兩種測試可以
使用的目錄。

```
sourceSets {
    String sharedTestDir = 'src/sharedTest/java'
    String fakeJsonDir = 'src/sharedTest/fakejson'
    test {
        java.srcDir sharedTestDir
        resources.srcDirs += fakeJsonDir
    }
    androidTest {
        java.srcDir sharedTestDir
```

```
        resources.srcDirs += fakeJsonDir
    }
}
```

回到 Project 目錄，建立 shareTest 目錄，在這裡的目錄就只有 test 與 androidTest 可以執行。請參見圖 3-15。

▲ 圖 3-15　shareTest 目錄

Gradle 環境設定就介紹到這裡，在 Android 架構篇將再示範使用 ProductFlavor 更實用的地方。

範例下載

https://github.com/evanchen76/productflavorsample

3.8 Android 測試小結

在這個單元我們介紹了 Android 的各種測試：

- Local Unit Test
- Instrumented Test

- UI Test
- 使用 Robolectric 的 Local Unit Test

Local Test

Local Test 的執行速度最快，應儘可能使用 Local Test。讓你的商業邏輯與 View 所負責的部分拆開，你就可以有更多的 Local Test。

Instrumented Test

Instrumented tests，當被測試的物件與 Android framework 有關聯時，就需要使用 Instrumented tests。這個測試需要在模擬器或實體機器執行，執行的速度較慢。

UI Test

UI 測試主要用來測試使用者與 App 的互動，當然也是需要在模擬器或實體機器上執行。

使用 Robolectric 的 Local Unit Test

Robolectric 讓你可以用單元測試的方式來測試 Instrumented tests。

Instrumented Test 與 UI Test 的比較

這兩種測試都是寫在 androidTest 的目錄下，因為都是需要模擬器或實體裝置。Instrumented 的中文的意思是「設備、儀器」指的就是在機器上的測試，跟 UI Test 的差異在於 UI Test 特別強調使用者的互動。例如你要測試儲存資料 SharedPreference 就是 Instrumented test。或是要測試 Service 的話，也是 Instrumented test。

Espresso 與 Robolectric 的差異

Espresso 與 Robolectric 都可以用來測試 View 的行為，而這兩種有什麼差異呢？

- Espresso 的測試目錄在 androidTest。
  Robolectric 的測試目錄在 test。

- Espresso 在模擬器或實機測試。
  Robolectric 的測試在 JVM 測試。

- Espresso 失敗時，較慢找到失敗的原因。
  Robolectric 屬於單元測試，較快找到失敗的原因。

除了這三個差異，更重要的是測試的行為是不一樣的。

在 UI 測試 Espresso 的測試註冊用驗證是否有「註冊成功」的字來確認。

```
@Test
fun rightPassword_should_startActivity() {
    // 輸入正確的帳密
    inputRightRegisterData()
    // 點選註冊按鈕
    onView(withId(R.id.send)).perform(click())
    // 註冊成功，導致成功頁。
    onView(withText(" 註冊成功 ")).check(matches(isDisplayed()))
}
```

而在 Robolectric 的測試註冊成功則是驗證 Intent。

```
@Test
fun registerSuccessShouldDirectToResult() {
```

```
    //arrange
    val shadowActivity = Shadows.shadowOf(activity)
    val userId = "A123456789"
    val userPassword = "a123456789"
    activity.loginId.setText(userId)
    activity.password.setText(userPassword)
    // 點下註冊按鈕
    activity.send.performClick()
    // 驗證註冊成功時，是否有開啟 ResultActivity
    val nextIntent = shadowActivity.nextStartedActivity
    assertEquals(nextIntent.component!!.className, ResultActivity::class.
java.name)
    assertEquals(1, nextIntent.extras!!.size())
    assertEquals(userId, nextIntent.extras!!.getString("ID"))
}
```

Robolectric 的重點在於，當帳號、密碼欄位設定為錯誤的帳密時，傳給 Intent 的值是否正確。Espresso UI 測試的重點在於，當帳號、密碼欄位輸入錯誤的帳密時，是否有在畫面上看到註冊成功的字。

Espresso UI 測試是有「輸入文字」的行為。在 Robolectric，我們是直接讓 EditText 的 Text 給值，跟 Espresso UI 測試的開啟鍵盤輸入文字是不一樣的。所以 Espresso UI 測試較能測試到使用者真實的互動。

從圖 3-16 測試金字塔再來回顧一下。

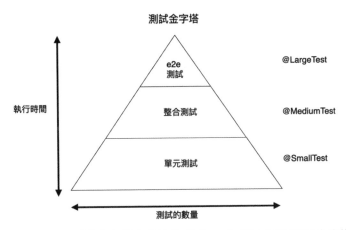

▲ 圖 3-16　測試金字塔 (圖片參考 Google IO 2017 測試金字塔)

如果以測試金字塔來說，UI 測試就會算是第二層的 Integration test，而 Robolectric 則會是第一層的單元測試。

這裡有一個我們沒有提到太多的 E2E 測試，端點對端點的測試。當 App 會連接 WebAPI 時，這時 App 與 WebAPI 就是兩個不同的端點。以註冊帳號為範例，這樣的測試就必須同時驗證註冊後是否真的有資料進到資料庫。這樣的測試是最耗時的，也是最容易失敗的，如果當下的網路異常，或資料庫裡已有一筆相同被註冊過的帳號，皆會導致測試失敗。在下個章節介紹 WebAPI 時，將再介紹在有呼叫 WebAPI 功能的 App 做測試。

Android 的每一種測試是對映到測試金字塔的哪一層其實並不是很重要，測試金字塔要傳達的概念只是測試應有不同的程度：

1. 越上層成本越高，測試越慢。
2. 越上層的測試應越少。

如果反過來的話，則會是像圖 3-17 的這個測試冰淇淋，最上層的手動測試最多，最下層的單元測試最少。可以想像這樣的測試方式有多耗時。

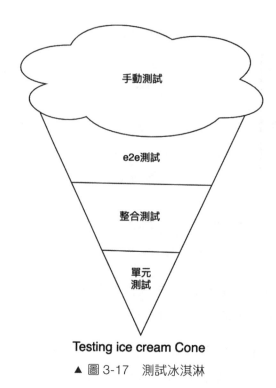

Testing ice cream Cone

▲ 圖 3-17　測試冰淇淋

參考網站

Espresso

https://developer.android.com/training/testing/espresso

Robolectric

http://robolectric.org

Custom View Components

https://developer.android.com/guide/topics/ui/custom-components

Configure build variants

https://developer.android.com/studio/build/build-variants

使用 MVP、MVVM 架構
提高可測試性

在 Android 的單元測試，實務上還是會遇到不少難以測試的地方，這是因為 Activity 經常有著過多的邏輯，導致測試不易。在這個章節，將介紹 MVP、MVVM 兩種架構來提升可測試性。

4.1 MVP 架構

MVP 把內容分為：呈現 (Presenter) 和資料處理 (Model) 與內容 (View)。

在傳統的 MVC 架構，通常會把 layout(xml) 當成 View，Activity 當成 Controller。事實上，Activity 卻是 Controller 與 View 的混合，於是 Activity 既要做處理 View，也負責商業邏輯，使得 Activity 越來越肥。MVC 與

MVP 的最大差異在於 MVP 把 Activity 的商業邏輯移到 Presenter，Activity 則專心處理 View。

- Model — 管理資料來源。例：SharedPreferences、Room、呼叫 API。
- View — 顯示 UI 和與使用者互動，如 Activity、Fragment。
- Presenter — 負責邏輯處理。

範例：

圖 4-1 是一個商品的頁面，頁面上的資料是跟 WebAPI 取得商品資料 (商品名稱、螢幕大小、售價)

▲ 圖 4-1　商品畫面

圖 4-2 可以看到新增了 MVP 的程式。

1. 建立 ProductActivity，Activity 為 MVP 中的 View。
2. 建立 ProductContract，包含 IProductView、IProductPresenter 這 2 個介面。
3. 建立 ProductPresenter，負責商業邏輯，與 Model 互動。
4. 建立 ProductRepository，負責取得商品資料。

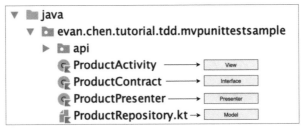

▲ 圖 4-2 MVP 架構

Model

首先是 Model，建立一個 IPoroductRepository 的 Interface。

```
interface IProductRepository {
    // 傳入商品編號，取得商品資料
    fun getProduct(productId: String, loadProductCallback: LoadProductCallback)
    interface LoadProductCallback {
        // 回傳商品資料 Response
        fun onProductResult(productResponse: ProductResponse)
    }
}
```

實作 ProductRepository.getProduct，ProductRepository 的建購子傳入 productAPI，productAPI 負責跟 API 取得資料。

```
class ProductRepository(private val productAPI: IProductAPI) :
IProductRepository {
    override fun getProduct(productId: String, loadProductCallback:
IProductRepository.LoadProductCallback) {
        productAPI.getProduct(productId, object : IProductAPI.
ProductDataCallback {
            override fun onGetResult(productResponse: ProductResponse) {
                loadProductCallback.onProductResult(productResponse)
            }
```

```
        })
    }
}
```

新增 ProductAPI，用來模擬取得 WebAPI 的產品資料

```
interface IProductAPI {
    interface ProductDataCallback {
        fun onGetResult(productResponse: ProductResponse)
    }
    fun getProduct(productId:String, ProductDataCallback:
ProductDataCallback)
}


class ProductAPI: IProductAPI {
    override fun getProduct(productId:String, loadAPICallBack:
IProductAPI.ProductDataCallback) {
        // 模擬從 API 取得資料
        val handler = Handler()
        handler.postDelayed(Runnable {
            val productResponse = ProductResponse()
            productResponse.id = "pixel3"
            productResponse.name = "Google Pixel 3"
            productResponse.desc = "5.5 吋螢幕 "
            productResponse.price = 27000
            callback.onGetResult(productResponse)
        }, 1000)
    }
}
```

商品資料的 Model，這個 Response 用來將 WebAPI 回傳的資料存到這個
DataModel。

```
class ProductResponse {
    lateinit var id: String
    lateinit var name: String
    lateinit var desc: String
    var price: Int = 0
}
```

這樣就完成了 MVP 裡 Model，由 ProductRepository 負責跟 ServiceAPI 取得商品資料。

Contract (Interface)

MVP 的架構會有一個命名為 Contract 的類別，裡面是定義 View 與 Presenter 之間的互動：

1. Activity 呼叫 Presenter 的 Interface
2. Presenter callback 的 Interface

```
class ProductContract {
    interface IProductPresenter {
        // 取得商品資料
        fun getProduct(productId: String)
    }
    interface IProductView {
        // 取得資料的 Callback
        fun onGetResult(productResponse: ProductResponse)
    }
}
```

Presenter

Presenter 實作 IProductPresenter，建構子必須傳入 ProductContract.IProductView，
當 Presenter 跟 Repository 取得資料時，會呼叫 ProductContract.IProductView.
onGetResult 通知 View 更新畫面，請參見圖 4-3

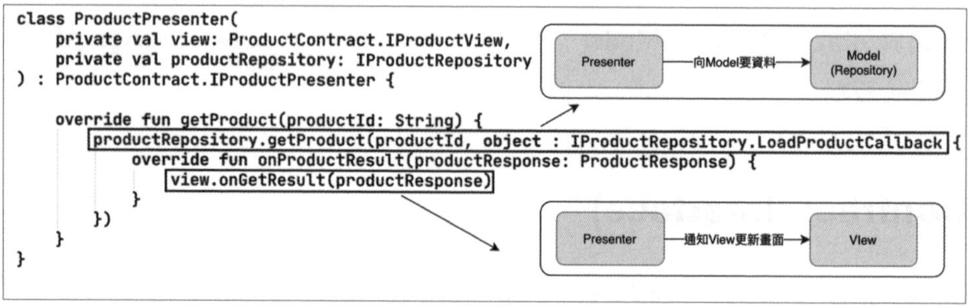

```
class ProductPresenter(
    private val view: ProductContract.IProductView,
    private val productRepository: IProductRepository
) : ProductContract.IProductPresenter {

    override fun getProduct(productId: String) {
        productRepository.getProduct(productId, object : IProductRepository.LoadProductCallback {
            override fun onProductResult(productResponse: ProductResponse) {
                view.onGetResult(productResponse)
            }
        })
    }
}
```

▲ 圖 4-3　Presenter 與 Repository、View 的互動

View(Activity)

Activity 負責 2 件事：

1. 跟 Presenter 要資料
2. 實作 IProductView.onProductResult 將 Response 的結果更新至 UI 上。

1. 跟 Presenter 要資料，在這個步驟，View 必須將自已傳給 ProductPresenter，
   讓 ProductPresenter 跟 Repository 取得資料後可以 Callback 要求 View 顯
   示資料。

```
override fun onCreate(savedInstanceState: Bundle?) {
    super.onCreate(savedInstanceState)
    setContentView(R.layout.activity_product)
    val productRepository = ProductRepository(ProductAPI())
```

```
    // view 必須將自已傳給 Presenter，也就是 this
    val productPresenter = ProductPresenter(this, productRepository)
    // 向 Presenter 取得資料
    productPresenter.getProduct(productId)
}
```

2. 實作 IProductView.onProductResult 將商品 Response 放至 UI 上。

```
// 實作 IProductView.onGetResult
override fun onGetResult(productResponse: ProductResponse) {
    // 將商品 Response 放到 View 上
    productName.text = productResponse.name
    productDesc.text = productResponse.desc
    val currencyFormat = NumberFormat.getCurrencyInstance()
    currencyFormat.maximumFractionDigits = 0
    val price = currencyFormat.format(productResponse.price)
    productPrice.text = price
}
```

可以看到 View 被分割的很乾淨，只負責跟 Presenter 取資料及更新 ProductResponse 的資料到 View。這樣就完成了 MVP 的架構，如圖 4-4 View、Presenter、Model 的互動就變得簡單了。

▲ 圖 4-4　MVP 架構圖

這樣 MVP 的架構就完成了，給大家一個練習，這個畫面下方有一個「購買」的按鈕。按下購買後，如購買成功 Toast「購買成功」，購買失敗則 Alert「購買失敗」應該怎麼寫。答案在範例下載。

....

....

4.2 使用 MVP 架構進行單元測試

接著我們要在 MVP 的架構撰寫單元測試。

Build.gradle 加入 depencenies：

```
dependencies {
    ...
    testImplementation 'io.mockk:mockk:1.9.3' }
```

ProductPresenter 的測試

先來看在產品程式碼的 ProductPresenter.getProduct 做了什麼事。

1. 呼叫 productRepository.getProduct 取得產品資料。

2. 呼叫 view.onGetResult 回傳 productResponse。

所以我們的測試必須驗證這兩個項目。

```
override fun getProduct(productId: String) {
    productRepository.getProduct(productId, object : IProductRepository.
LoadProductCallback {
        override fun onProductResult(productResponse: ProductResponse) {
            view.onGetResult(productResponse)
        }
    })
}
```

新增 ProducePresenterTest

1. 建立被測試物件 ProductPresenter
2. 建立 Mock IProductRepsitory
3. 建立 Mock IProductView

步驟 2、3 的 IProductRepsitory、IProductView 需要 Mock 是因為待會需要
驗證是否有呼叫 IProductRepository 與 IProductView 的 Callback。

```
class ProductPresenterTest {
    private lateinit var presenter: ProductContract.IProductPresenter
    private var productResponse = ProductResponse()

    @MockK(relaxed = true)
    private lateinit var repository: IProductRepository
    @MockK(relaxed = true)
    private lateinit var productView: ProductContract.IProductView }
```

在 setupPresenter，將物件初始化。

1. 使用 MockKAnnotations.init(this) 初始化 Mock。
2. 被測試物件 ProductPresenter 初始化。
3. ProductResponse 初始化，這是用來測試用的資料。

```
@Before
fun setupPresenter() {
    MockKAnnotations.init(this)
    presenter = ProductPresenter(productView, repository)
    productResponse.id = "pixel3"
    productResponse.name = "Google Pixel 3"
    productResponse.price = 27000
    productResponse.desc = "Desc"
}
```

開始寫 getProduct 的測試。

```
@Test
fun getProductTest() {
    val productId = "pixel3"
    val slot = slot<IProductRepository.LoadProductCallback>()
    // 驗證是否有呼叫 IProductRepository.getProduct
    every { repository.getProduct(eq(productId), capture(slot))
        .answers {
            // 將 callback 攔截下載並指定 productResponse 的值。
            slot.captured.onProductResult(productResponse)
        }


    presenter.getProduct(productId)


    // 驗證是否有呼叫 View.onGetResult 及是否傳入 productResponse
    verify { productView.onGetResult(eq(productResponse)) }
}
```

在這個測試中，slot 用來取得 Callback，準備攔截並給值。

```
val slot = slot<IProductRepository.LoadProductCallback>()
```

使用 every 裡的 eq 來驗證傳入的 productId 是否正確，第二個參數 capture(slot) 則用來攔截 Callback，接著在 answers 設定 Callback 回傳的 onProductResult。

```
every { repository.getProduct(eq(productId), capture(slot)) }
    .answers {
        // 將 callback 攔截下載並指定 productResponse 的值。
        slot.captured.onProductResult(productResponse)
    }
```

設定好了之後就可以開始呼叫 presenter 了。

```
presenter.getProduct(productId)
```

最後使用 verify 來驗證 View 是否有呼叫 onGetResult 並傳入正確的參數。

```
verify { productView.onGetResult(eq(productResponse)) }
```

在 MVP 的架構，Presenter 的測試非常重要，負責呼叫 Repository 與將資料處理過後呼叫 View 的 Callback。所以 Presenter 的 getProduct 在取得資料後，只需要呼叫 View 的 Callback，而畫面有沒有正確的顯示資料則是 Activity 該處理的事。在 Presenter，你不會有處理 View 的行為，只會透過在 Presenter 初始化時傳進來的 IProductView，要求 View 該做什麼事。

Model(Repository) 的測試

在產品程式碼，一樣來看 getProduct 做了什麼事。

1. 跟 ProductAPI 取得產品資料
2. 呼叫 Callback 回傳資料

```
class ProductRepository(private val productAPI: IProductAPI) :
IProductRepository {
    override fun getProduct(productId: String, loadProductCallback:
IProductRepository.LoadProductCallback) {
        productAPI.getProduct(productId, object : IProductAPI.
LoadAPICallBack
    {
            override fun onGetResult(productResponse: ProductResponse) {
                loadProductCallback.onProductResult(productResponse)
            }
```

```
        })
    }
}
```

新增 ProductRepositoryTest

1. 建立被測試物件 ProductRepository

2. 建立 Mock IProductAPI

3. 建立 Mock IProductRepository.loadProductCallback

4. 初始化 setup

```
class ProductRepositoryTest {
    private lateinit var repository: IproductRepository
    private var productResponse = ProductResponse()
    @MockK(relaxed = true)
    private lateinit var productAPI: IProductAPI
    @MockK(relaxed = true)
    private lateinit var repositoryCallback : IProductRepository.
LoadProductCallback
    @Before
    fun setupPresenter() {
        MockKAnnotations.init(this)
        repository = ProductRepository(productAPI)
        productResponse.id = "pixel3"
        productResponse.name = "Google Pixel 3"
        productResponse.price = 27000
        productResponse.desc = "Desc"
    }
}
```

開始寫 getProduct 的測試。

```kotlin
@Test
fun getProductTest() {
    // 驗證跟 Repository 取得資料
    val productId = "pixel3"

    // 驗證是否有呼叫 IProductAPI.getProduct
    val slot = slot<IProductAPI.LoadAPICallBack>()

    every { productAPI.getProduct(any(), capture(slot)) }
        .answers {
            // 將 callback 攔截下載並指定 productResponse 的值。
            slot.captured.onGetResult(productResponse)
        }

    repository.getProduct(productId, repositoryCallback)

    // 驗證是否有呼叫 Callback
    verify { repositoryCallback.onProductResult(productResponse) }
}
```

View 的測試

處理購買成功及失敗

按下「購買」後。如購買成功 Toast「購買成功」，購買失敗則 Alert「購買失敗」。

在 ProductContract

1. IProductPresenter 加上 buy。
2. 在 IProductView 加上 onBuySuccess、onBuyFail。

```kotlin
class ProductContract {
    interface IProductPresenter {
        fun getProduct(productId: String)
        fun buy(productId: String, numbers: Int)
    }

    interface IProductView {
        fun onGetResult(productResponse: ProductResponse)
        fun onBuySuccess()
        fun onBuyFail()
    }
}
```

在 ProductPresenter.buy 實作，依 Repository 回傳的購買成功或失敗呼叫對映的 Callback。

```kotlin
override fun buy(productId: String, numbers: Int) {
    productRepository.buy(productId, numbers, object :
IProductRepository.BuyProductCallback {
        override fun onBuyResult(isSuccess: Boolean) {
            if (isSuccess) {
                view.onBuySuccess()
            } else {
                view.onBuyFail()
            }
        }
    })
}
```

在 Activity 實作購買成功與失敗要做的事。可以看到 Activity 不負責什麼情況視為購買成功與購買失敗。只接受 Presenter 告訴 View 現在該呈現購買成功的畫面或購買失敗的畫面。Activity 的程式碼就會非常的簡單，幾乎是沒有邏輯。

```kotlin
override fun onBuySuccess() {
    Toast.makeText(this, " 購買成功 ", Toast.LENGTH_LONG).show();
}
override fun onBuyFail() {
    val builder = AlertDialog.Builder(this)
    builder.setMessage(" 購買失敗 ").setTitle(" 錯誤 ")
    builder.show()
}
```

購買成功的測試

```kotlin
@Test
fun buySuccessTest() {
    val slot = slot<IProductRepository.BuyProductCallback>()
    val productId = "pixel3"
    val items = 3
    every { repository.buy(eq(productId), eq(items), capture(slot)) }
        .answers {
            slot.captured.onBuyResult(true)
        }
    presenter.buy(productId, items)
    verify { productView.onBuySuccess() }
}
```

購買失敗的測試

假設 Repository.getProduct 購買超過 10 份即會回傳失敗。

```kotlin
@Test
fun buyFailTest() {
    val slot = slot<IProductRepository.BuyProductCallback>()
    val productId = "pixel3"
    val items = 11
```

```
    every { repository.buy(eq(productId), eq(items), capture(slot)) }
        .answers {
            slot.captured.onBuyResult(false)
        }
    presenter.buy(productId, items)
    verify { productView.onBuyFail() }
}
```

MVP 小結

MVP 架構將程式分為 Model、View、Presenter。Presenter 從 Repository 取得資料後，透過 View 的 Interface 告訴 View 要做什麼事。而 View 就只需要處理現在該呈現什麼資料，把商業邏輯與 View 的職責分開，這樣一來就讓可測試性提高了。

當我們在測試 Presenter，只關注：

1. 是否呼叫 Repository
2. 本身的邏輯是否正確
3. 是否呼叫正確的 View Callback

如果用 Robolectirc 來直接測試 Activity，只關注：

1. Activity 初始化是否有呼叫 IPresenter.getProduct。
2. 呼叫 IProductView.onGetResult，是否有將商品結果放到 UI 上。
3. 呼叫 IProductView.onBuySuccess，是否有 Toast。
4. 呼叫 IProductView.onBuyFail，是否有 AlertDialog。

範例下載

https://github.com/evanchen76/MVPUnitTest

4.3 MVVM 架構

MVVM 是 Model、View、ViewModel 的簡稱。

Model：
負責管理資料來源。這裡的 Model，不單指 Data model，包含取得、更新等操作，例如 Web API、SharedPreference 等資料來源。

View：
指的是 Activity、Fragment、res/layout 裡 xml，這些都屬於 View。View 只處理顯示 UI 及與使用者互動。

ViewModel：
ViewModel 在 View 與 Model 中間，接收 View 的請求並從 Model 取得資料。View 只處理商業邏輯與資料相關的事，這些資料會使用 DataBinding 的技術自動綁定至 UI。ViewModel 不會持有任何的 UI 實體，這跟 Presenter 就不一樣了。請參見圖 4-5。

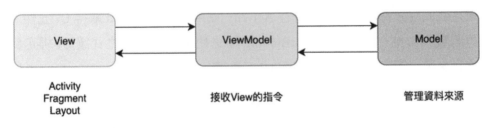

▲ 圖 4-5　MVVM 架構圖

DataBinding

在實踐 MVVM 的時，我們會搭配 DataBinding 來一起介紹，DataBinding 是一種實現 ViewModel 與 View 協作的方式。所以 MVVM 是一種架構，而 DataBinding 則是 UI 與資料綁定的一種方式。ViewModel 與 View 的溝通方式見圖 4-6。

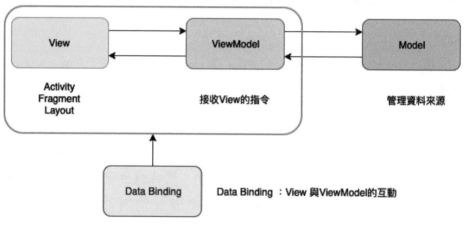

▲ 圖 4-6　DataBinding：View 與 ViewModel 的互動

以往我們在做資料繫結時，會在 Activity 使用 findViewById 取得 UI 元件，再將資料繫結在畫面上。DtatBinding 則是使用聲明式的方式讓 UI 綁定到資料來源，而不是寫程式去取得 UI 元件再給值。

你可以透過 @{} 的語法，讓 Layout 上的元件指定到一個資料來源。

```
<TextView android:text="@{viewmodel.userName}" />
```

使用 DataBinding，首先在 build.gradle 裡增加

```
android {
    ...
```

```
    dataBinding {
        enabled = true
    }
}
apply plugin: "kotlin-kapt"
```

與 MVP 一樣，我們用這個顯示商品明細的畫面來做範例 (圖 4-7)。畫面的
資料是從 Repository 取得商品資料 (商品名稱、螢幕大小、售價)。

▲ 圖 4-7　商品購買畫面

步驟

1. 建立 Model，也就是 Data Model，用來存放要放到 UI 上的資料。
2. 將 UI 與 Data Model 繫結。
3. 事件，點擊購買的事件。

步驟1　建立 Model

先建一個 Model，這個 Model 是我們要用來做資料繫結的，也就是 UI 要用
的 Data Model。

```
class ProductViewModel() {
    var productName: ObservableField<String> = ObservableField("")
    var productDesc: ObservableField<String> = ObservableField("")
    var productPrice: ObservableField<Int> = ObservableField(0)
    var productItems: ObservableField<String> = ObservableField("")
}
```

步驟2　在 Layout 裡使用 Model

在 activity_product.xml 裡

1. 在最外層加入一個 layout 標籤為根節點。layout 裡面再放一個 data，這
   裡的 <data> 裡就是要來放用來 Binding 的 DataModel。

```
<?xml version="1.0" encoding="utf-8"?>
<layout xmlns:android="http://schemas.android.com/apk/res/android"
xmlns:tools="http://schemas.android.com/tools"
        xmlns:app="http://schemas.android.com/apk/res-auto">
    <data>    </data>
    <android.support.constraint.ConstraintLayout
            android:layout_width="match_parent"
            android:layout_height="match_parent"
            tools:context=".MainActivity">
    </android.support.constraint.ConstraintLayout>
</layout>
```

2. 在 data 裡加入 variable，讓我們可以在 xml 裡使用 ProductViewModel

```
<data>
    <variable
        name="productViewModel"
        type="evan.chen.tutorial.mvvmdatabindingsample.ProductViewModel"/>
</data>
```

3. 使用 @{productViewModel. 屬性 } 來取得 Model 的值

```
<TextView
        android:layout_width="wrap_content"
        android:layout_height="wrap_content"
        android:textSize="36sp"
        android:text="@{productViewModel.productName}"/>
<TextView
        android:layout_width="wrap_content"
        android:layout_height="wrap_content"
        android:layout_marginTop="12dp"
        android:textSize="24sp"
        android:text="@{productViewModel.productDesc}"/>
```

4. 最後，在 Activity 加上 binding，並給予初始值。

程式碼的 ActivityProductBinding 是 data binding 從 activity_product.xml 自動產生的類別。

```
class ProductActivity : AppCompatActivity() {
    private val productId = "pixel3"
    override fun onCreate(savedInstanceState: Bundle?) {
        super.onCreate(savedInstanceState)
        setContentView(R.layout.activity_product)
        val dataBinding = DataBindingUtil.
setContentView<ActivityProductBinding>(this, R.layout.activity_product)
        val productAPI = ProductAPI()
        val productRepository = ProductRepository(productAPI)
        val productViewModel = ProductViewModel(productRepository)
        dataBinding.productViewModel = productViewModel
        // 加這一段就可以讓 model 有變就更新回 UI
        dataBinding.lifecycleOwner = this
        productViewModel.getProduct(productId)
```

```
    }
}
```

執行 App，我們就可以看到資料被繫結在畫面了。不再需要額外使用
setText，也就是你在 Activity 不需要取得 Textview、EditText 的元件了。

如圖 4-8，到目前為止我們完成了紅色箭頭這個部分，從 ViewModel 把資
料繫結到 View。

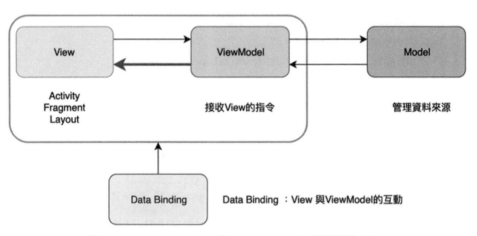

▲ 圖 4-8　DataBinding：從 ViewModel 把資料繫結到 View

雙向繫結

接著要來完成另外一個箭頭，也就要當 View 有異動時，也要同步到
Model。

我們希望，當購買數量變更時，在畫面的下方同時會顯示你購買了幾份。

只需要在 TextView 的 text 寫上 "@{productViewModel.productItems}"，代

表著 EditText 的 text 有變化時，productViewModel.productItems 會更著改變。

```
<TextView
        android:layout_width="wrap_content"
        android:layout_height="wrap_content"
        android:layout_marginTop="12dp"
        android:textSize="24sp"
        android:layout_gravity= "start"
        android:text="@{productViewModel.productItems}"/>
```

事件綁定

最後按下購買的事件綁定，在 onClick 寫下 @{() -> productViewModel.buy()}，代表呼叫 ProductViewModel 的 buy 方法。

```
<Button android:layout_width="match_parent"
        android:layout_height="wrap_content"
        android:layout_marginTop="24dp"
        android:padding="10dp"
        android:layout_gravity="center"
        android:onClick="@{() -> productViewModel.buy()}"
        android:text=" 購買 "

fun buy() {
    println("buy")
}
```

範例下載

https://github.com/evanchen76/mvvmdatabindingsample

將 Layout 轉為 DataBinding 的 Layout。option + enter，Convert to data binding layout。請參見圖 4-9。

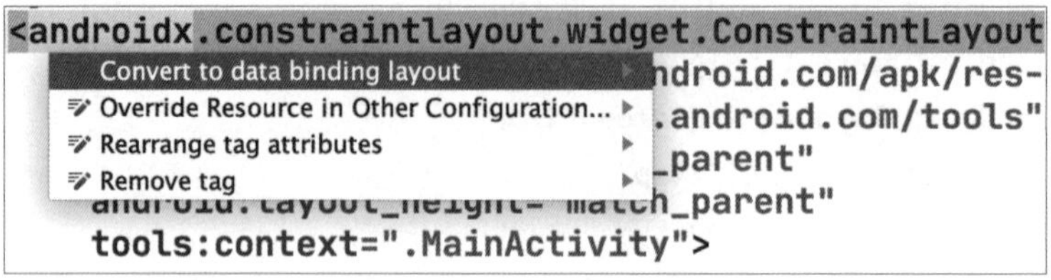

```
<androidx.constraintlayout.widget.ConstraintLayout
    Convert to data binding layout          ▸  ndroid.com/apk/res-
    ⊟ Override Resource in Other Configuration... ▸  .android.com/tools"
    ⊟ Rearrange tag attributes               ▸  _parent"
    ⊟ Remove tag                             ▸
    android:layout_height="match_parent"
    tools:context=".MainActivity">
```

▲ 圖 4-9　將 Layout 轉為 Data Binding Layout

4.4 ViewModel 與 LiveData

上一節，我們透過 DataBinding 的方式讓 View 與資料來源自動繫結。這裡要介紹在 Android Jetpack 裡的 ViewModel 與 LiveData。

ViewModel 是屬於 Android Jetpack 裡的 lifecycle 類，可以有效的解決記憶體洩漏及難以處理的 Activity 生命週期問題。以往我們會把取得的資料存在 Activity 裡，用來應付各種情況所需。但當你的螢幕旋轉畫面上，會發現上面的資料不見了。這是因為旋轉時 Activity 會先被銷毀 (destoryed) 再重新產生 (onCreated)。所以之前放在 Activity 裡的資料就會因為這樣而不見了。

另外，即使你的 App 不讓使用者旋轉方向，Activities、Fragments 和 views 還是可能在任何時候被銷毀。例如當你開啟 App 後，離開到別的 App，隔了一天再回來 App 時。你的 Activity 可能已經被回收了，這時候開啟 App 即會重新產生一個 Activity，存放在 Activity 的資料就會不見，也可能造成閃退。這種錯誤通常不容易測試，因為你不會把 App 放一天再開起來測試。但對使用者來説，這可能是經常會發生的錯誤。

所以我們需要另一個比 Activity 生命週期更長的地方來存放資料，ViewModel 可以為我們解決這個問題。

而 LiveData 是一個可觀察的資料持有類別，比起一般的 observable 類別，LiveData 具有生命週期感知的功能，也就是 LiveData 確保 Activity、Fragment 只在活耀的狀態才會收到資料的變化。

首先在 build.gradle 加上

```
def archLifecycleVersion = '1.1.1'
implementation "android.arch.lifecycle:extensions:$archLifecycleVersion"
implementation "android.arch.lifecycle:reactivestreams:$archLifecycleVersion"
annotationProcessor "android.arch.lifecycle:compiler:$archLifecycleVersion"
```

同樣用上一節 DataBinding 的範例。

1. Product 改為 繼承至 ViewModel()

```
class ProductViewModel(private val productRepository: IProductRepository)
: ViewModel(){
}
```

2. 把 ObservableField 改為 LiveData

```
class ProductViewModel(private val productRepository: IProductRepository)
: ViewModel(){
    var productName: MutableLiveData<String> = MutableLiveData()
    var productDesc: MutableLiveData<String> = MutableLiveData()
    var productPrice: MutableLiveData<Int> = MutableLiveData()
    var productItems: MutableLiveData<String> = MutableLiveData()
}
```

3. 更新 LiveData 物件

getProduct 裡從 Repository 取得資料後，更新 LiveData 物件。

```kotlin
fun getProduct(productId: String) {
    productRepository.getProduct(productId, object : IProductRepository.
LoadProductCallback {
        override fun onProductResult(productResponse: ProductResponse) {
            productName.value = productResponse.name
            productDesc.value = productResponse.desc
            productPrice.value = productResponse.price
        }
    })
}
```

4. 新增 ProductViewModelFactory

回到 Activity，我們要開始把 DataBinding 與 ViewModel 放在一起使
用。由於 ProductViewModel 需要在建構子傳入 IProductRepository，
原本的寫法很難傳入參數到 ViewModel 裡，這裡需要建立一
個 ProductViewModelFactory， 傳 入 IProductRepository 回 傳
ProductViewModel。

```kotlin
class ProductViewModelFactory(private val productRepository:
IProductRepository) : ViewModelProvider.Factory {
    override fun <T : ViewModel> create(modelClass: Class<T>): T {
        if (modelClass.isAssignableFrom(ProductViewModel::class.java)) {
            return ProductViewModel(productRepository) as T
        }
        throw IllegalArgumentException("Unknown ViewModel class")
    }
}
```

5. 修改 Activity

將 ProductActivity 改由 ProductViewModelFactory 產生 viewModel。這樣就可以在這裡把 ProductRepository 傳入了。

```kotlin
class ProductActivity : AppCompatActivity() {
    private val productId = "pixel3"
    private lateinit var productViewModel: ProductViewModel
    override fun onCreate(savedInstanceState: Bundle?) {
        super.onCreate(savedInstanceState)
        setContentView(R.layout.activity_product)
        val dataBinding = DataBindingUtil.setContentView
<ActivityProductBinding>(this, R.layout.activity_product)
        // 改用 LiveData 後，註解這段
        //val productAPI = ProductAPI()
        //val productRepository = ProductRepository(productAPI)
        //val productViewModel = ProductViewModel(productRepository)
        val productAPI = ProductAPI()
        val productRepository = ProductRepository(productAPI)
        productViewModel =
            ViewModelProviders.of(this, ProductViewModelFactory
(productRepository)).get(ProductViewModel::class.java)
        dataBinding.productViewModel = productViewModel
        dataBinding.lifecycleOwner = this
        productViewModel.getProduct(productId)
    }
}
```

這樣就成功把 LiveData 加進來了。

圖 4-10 的 ViewModel 生命週期，左邊是 Activity 的生命週期，在 Activity 旋轉時會被銷毀再重新產生，也因為這樣，當我們放在 Activity 的資料會

消失。所以我們需要一個比 Activity 的生命週期更久的 ViewModel 來儲存資料。這也就是 ViewModel 的作用。

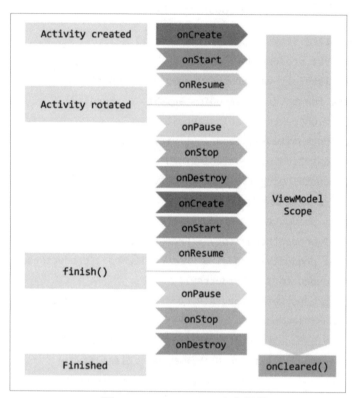

▲ 圖 4-10　ViewModel 生命週期

（圖片來源 https://developer.android.com/topic/libraries/architecture/viewmodel）

使用 ViewModel，資料就可以從 UI 中分離出來，讓每個元件的職責更清楚。在 Activity 或 Fragment 重新產生時，ViewModel 仍會保留資料給 Activity 與 Fragment 使用。這也是為什麼 LiveData 要放在 ViewModel，而不是放在 Activity。Activity 只負責顯示資料，而不負責保持著資料。

```
class ProductViewModel(private val productRepository: IProductRepository)
: ViewModel(){
```

```
    var productName: MutableLiveData<String> = MutableLiveData()

    var productDesc: MutableLiveData<String> = MutableLiveData()

    var productPrice: MutableLiveData<Int> = MutableLiveData()

    var productItems: MutableLiveData<String> = MutableLiveData()

}
```

小結 LiveData 的優點

- UI 和資料保持一致
  LiveData 是使用觀察者模式，當 LifeCycle 的狀態改變，LiveData 會通知觀察者，以便更新 UI。

- 避免 Memory Leak 及 Activity 處於 stop 狀態而造成閃退
  LiveData 被綁定到 LifeCycle 的生命周期上，當 Activity 被銷毀時，觀察者會自動被清除。

  如果 Activity 不是在活躍的狀態，例如 Activity 在背景時，是不會收到 LiveData 的通知的。那麼什麼是活躍動態，就是指 Started 與 Resumed，只有在這兩個狀態下 LiveData 才會通知資料有變化。

- 不需要手動處理生命週期的問題
  LiveData 可以感知生命週期，只要有活躍的狀態才會收到資料的變化。

- 解決 Configuration Change 的問題
  在螢幕發生旋轉或被回收使得 Activity 再次啟動時，立刻就能收到最新的數據。

範例下載

https://github.com/evanchen76/mvvmlivedata

4.5 MVVM 單元測試

介紹完了 DataBinding、ViewModel、LiveData，可以開始來寫 MVVM 的單元測試了。

ViewModel 的測試

先看產品程碼，getProduct 負責跟 Repository 要資料後將取得的資料放到 LiveData。與 MVP 的差異在於 Presenter 的在取得資料後，會呼叫 view 的 callback 去要求 View 應該做什麼事。而在 MVVM 的 ViewModel 只負責將資料放到 LiveData。而 View 有沒有正確的顯示資料跟 ViewModel 就沒有關係了。

Build.Gradle 加上

```
dependencies {
testImplementation 'io.mockk:mockk:1.9.3'
    testImplementation "android.arch.core:core-testing:$archLifecycleVersion"
}
```

再看一次 ProductViewModel 的產品程式碼，我們來測試這段程式碼。

```
class ProductViewModel(private val productRepository: IProductRepository)
: ViewModel(){
    var productName: MutableLiveData<String> = MutableLiveData()
    var productDesc: MutableLiveData<String> = MutableLiveData()
    var productPrice: MutableLiveData<Int> = MutableLiveData()
    var productItems: MutableLiveData<String> = MutableLiveData()
    fun getProduct(productId: String) {
        productRepository.getProduct(productId, object :
```

```
IProductRepository.LoadProductCallback {
        override fun onProductResult(productResponse:
ProductResponse) {
            productName.value = productResponse.name
            productDesc.value = productResponse.desc
            productPrice.value = productResponse.price
        }
    })
    }
}
```

1. 建立 ProductViewModelTest，加上 InstantTaskExecutorRule

```
class ProductViewModelTest {
    @get:Rule
    var instantExecutorRule = InstantTaskExecutorRule()
}
```

2. 在測試的初始化裡，建立被測試物件 viewModel、模擬物件 repository
及驗證用的 ProductResponse。

```
class ProductViewModelTest {
    @get:Rule
    var instantExecutorRule = InstantTaskExecutorRule()
    @MockK(relaxed = true)
    lateinit var repository: IProductRepository
    private var productResponse = ProductResponse()
    private lateinit var viewModel: ProductViewModel
    @Before
    fun setUp() {
        MockKAnnotations.init(this)
        productResponse.id = "pixel3"
        productResponse.name = "Google Pixel_3"
        productResponse.price = 27000
```

```
        productResponse.desc = "Desc"
        viewModel = ProductViewModel(repository)
    }
}
```

3. 驗證 getProductTest

- 驗證是否有呼叫 IProductRepository.getProduct
- 驗證是否有改變 LiveData 的值。

```
@Test
f fun getProductTest() {
    val productId = "pixel3"
    val slot = slot<IProductRepository.LoadProductCallback>()
    // 驗證是否有呼叫 IProductRepository.getProduct
    every { repository.getProduct(eq(productId), capture(slot)) }
        .answers {
            // 將 callback 攔截下載並指定 productResponse 的值。
            slot.captured.onProductResult(productResponse)
        }

    viewModel.getProduct(productId)

    Assert.assertEquals(productResponse.name, viewModel.productName.value)
    Assert.assertEquals(productResponse.desc, viewModel.productDesc.value)
    Assert.assertEquals(productResponse.price, viewModel.productPrice.value)
}
```

產品程式碼如下，準備測試 buy 功能。

1. 購買成功將 buySuccessText 指定為 Event(" 購買成功 ")
2. 購買失敗將 buyFailText 指定為 Event(" 購買失敗 ")

```
fun buy(view: View) {
    val productId = productId.value ?: ""
    val numbers = (productItems.value ?: "0").toInt()
    productRepository.buy(productId, numbers, object :
IProductRepository.BuyProductCallback {
        override fun onBuyResult(isSuccess: Boolean) {
            if (isSuccess) {
                buySuccessText.value = Event(" 購買成功 ")
            } else {
                alertText.value = Event(" 購買失敗 ")
            }
        }
    })
}
```

對於 viewModel 的 buy 而言，當購買成功時，只需要知道 buySuccessText 會被改變。MVVM 的好處，ViewModel 只需改變 LiveData，而在 Snack 跳出 buySuccessText 就是 View 的事情了。

這裡的測試我們用一個模糊的比對，只要 buySuccessText 不為 null，就算測試成功。而不是直接去比對字串為相等，因為這會導致測試變得脆弱。如果之後購買成功的文字有改時，測試就會失敗。

購買成功的測試

1. 驗證是否有呼叫 IProductRepository.getProduct
2. 驗證購買成功是否有設定 buySuccessText

```
@Test
fun buySuccess() {
    val productId = "pixel3"
    val items = 3
```

```
    val productViewModel = ProductViewModel(repository)
    productViewModel.productId.value =  productId
    productViewModel.productItems.value = items.toString()
    val slot = slot<IProductRepository.BuyProductCallback>()
    every { repository.buy(eq(productId), eq(items), capture(slot)) }
        .answers {
            slot.captured.onBuyResult(true)
        }
    productViewModel.buy()
    Assert.assertTrue(productViewModel.buySuccessText.value != null)
}
```

購買失敗的測試

1. 驗證是否有呼叫 IProductRepository.getProduct。
2. 驗證購買失敗是否有設定 alertText。

```
@Test
fun buyFail() {
    val productId = "pixel3"
    val items = 11
    val productViewModel = ProductViewModel(repository)
    productViewModel.productId.value = productId
    productViewModel.productItems.value = items.toString()
    val slot = slot<IProductRepository.BuyProductCallback>()
    every { repository.buy(eq(productId), eq(items), capture(slot)) }
        .answers {
            slot.captured.onBuyResult(false)
        }
    productViewModel.buy()
    Assert.assertTrue(productViewModel.alertText.value != null)
}
```

以上就是 MVVM 的單元測試，拆成 Model、View、ViewModel 之後，

是不是就更好寫測試了。在 MVP 的架構，Presenter 仍擁有 View。而在 MVVM，ViewModel 就完全跟 View 就無關了，兩者完全沒有依賴。

為了更方便單元測試，我們使用了依賴注入的方式，也導致在 Activity 需要建立 Repository 注入 ViewModel，這樣的做法有點麻煩，且 Activity 出現 Repository 也怪怪的，下一節將介紹 Kotlin 的依賴注入框架 Koin 來簡化注入的方式。

範例下載

https://github.com/evanchen76/mvvmlivedata

4.6 依賴注入框架 Koin

Koin 是一個在 Kotlin 的輕量級依賴注入框架。寫單元測試，我們使用了依賴注入的方式解除外部相依。例如在 MVP 的架構下，Activity 需要在初始化 Repository 時注入 Presenter。這將造成 Activity 的程式變得複雜。一般的情況，Activity 是不需要知道 Repository 的。

MVP 使用 Koin

這是一個 Activity 在呼叫 Presenter 注入 repository 的程式碼。

```kotlin
class MainActivity : AppCompatActivity() {
    private lateinit var presenter: Presenter
    override fun onCreate(savedInstanceState: Bundle?) {
        super.onCreate(savedInstanceState)
        setContentView(R.layout.activity_main)
        val repository = Repository()
```

```
    // 注入 repository
    presenter = Presenter(repository)
    val string = presenter.getString()
    println("log:$string")
    }
}
```

我們就來使用 Koin 依賴注入框架解決這個問題。

在 build.gradle 加上 dependencies。

```
dependencies {
    // Koin for Kotlin
    implementation "org.koin:koin-core:$koin_version"
    // Koin extended & experimental features
    implementation "org.koin:koin-core-ext:$koin_version"
    // Koin for Unit tests
    testImplementation "org.koin:koin-test:$koin_version"
    // Koin for Java developers
    implementation "org.koin:koin-java:$koin_version"// Koin for Android
    implementation "org.koin:koin-android:$koin_version"
    // Koin Android Scope features
    implementation "org.koin:koin-android-scope:$koin_version"
    // Koin Android ViewModel features
    implementation "org.koin:koin-android-viewmodel:$koin_version"
    // Koin Android Experimental features
    implementation "org.koin:koin-android-ext:$koin_version"
}
```

在這個範例裡有著 MainActivity、Presenter、Repository。

```
▼ ■ java
    ▼ ■ evan.chen.tutorial.koinsample
        ⒢ MainActivity
        ⒢ Presenter
        ⒢ Repository
```

Module 是一個容器，儲存了需要注入的物件實例化的方式，以這個例子，
我們想在 Activity 注入 Presenter，那麼就需要在 Module 定義如何建立
Presenter 的 Instance。

```
koinModule.kt
val koinModule = module {
    factory {
        Presenter(Repository())
    }
}
```

接著需要初始化 Koin，在 Application.onCreate 中使用 startKoin。新增一個
Application，在這裡 startKoin 裡放入剛剛新增的 module。請參見圖 4-11。

```
class KoinSampleApplication : Application() {
    override fun onCreate() {
        super.onCreate()
        startKoin{
            androidLogger()
            androidContext(this@KoinSampleApplication)
            modules(koinModule)
        }
    }
}
```

▲ 圖 4-11　KoinModule 與 KoinSampleApplication

新增完 Application，AndroidManifest.xml 記得要加入。

```
<application
        android:name=".KoinSampleApplication"
/>
```

回到 Activity，開始使用 koin 的方式注入。在 Presenter 後面加上 get。就會產生 Presenter 的 Instance。這樣 Activity 的程式碼就乾淨許多了。

實現注入

在要實現注入的地方用 get 取得實例。

```
private val presenter: Presenter = get()

class MainActivity : AppCompatActivity() {
    // 這裡不需要再注入 Repository 了
    private val presenter: Presenter = get()
    override fun onCreate(savedInstanceState: Bundle?) {
        super.onCreate(savedInstanceState)
        setContentView(R.layout.activity_product)
        val string = presenter.getString()
        println("log:$string")
    }
}
```

這樣就完成使用 Koin 注入了，另外也可以用 by inject() 做延遲注入。

```
private val presenter: Presenter by inject()
```

MVVM 使用 koin

回到 MVVM 的範例。我們就來看要怎麼在 ViewModel 使用 Koin。

原作法在建立 ViewModel 時,為了要達到依賴注入。在 Activity 會需要注入 ProductAPI 及 ProductRepository。

```
val productAPI = ProductAPI()
val productRepository = ProductRepository(productAPI)
productViewModel =
    ViewModelProviders.of(this, ProductViewModelFactory
(productRepository)).get(ProductViewModel::class.java)
```

新增 AppModule.kt,在這裡提供 ProductRepository

```
val appModule = module {
    viewModel {
        val productAPI = ProductAPI()
        val productRepository = ProductRepository(productAPI)
        ProductViewModel(productRepository)
    }
}
```

新增一個 Application,在 onCreate 的 startKoin 裡放入剛剛新增的 appModule。

```
class MVVMKoinApplication : Application() {
    override fun onCreate() {
        super.onCreate()
        startKoin { modules(listOf(appModule)) }
    }
}
```

這邊要記得 AndroidManifest 要把新增的 Application 加入

```
<application
    android:name=".MVVMKoinApplication"
/>
```

最後回到 Activity，Koin 支援 viewModel 的注入方式。只要加上 by viewModel() 就會注入了。

```kotlin
class ProductActivity : AppCompatActivity() {
    private val productId = "pixel3"
    // 加上 by viewModel
    private val productViewModel: ProductViewModel by viewModel()
    override fun onCreate(savedInstanceState: Bundle?) {
        super.onCreate(savedInstanceState)
        setContentView(R.layout.activity_product)
        val dataBinding = DataBindingUtil.setContentView
<ActivityProductBinding>(this, R.layout.activity_product)
        // 改用 Koin，註解以下
        //val productAPI = ProductAPI()
        //val productRepository = ProductRepository(productAPI)
        //productViewModel =
        //ViewModelProviders.of(this,
    ProductViewModelFactory(productRepository)).
get(ProductViewModel::class.java)
        dataBinding.productViewModel = productViewModel
        dataBinding.lifecycleOwner = this
}
```

這樣就完成使用 koin 注入。原本的這幾行，也可以刪掉了。

```kotlin
//val productAPI = ProductAPI()
//val productRepository = ProductRepository(productAPI)
//productViewModel =
//ViewModelProviders.of(this,
    ProductViewModelFactory(productRepository)).
get(ProductViewModel::class.java)
```

依賴注入框架，另一個比較有名的就是 Dagger 了。但 Koin 在使用上比起 Dagger 簡單。如果你正在使用 Dagger，也可以考慮移轉到 Koin。

範例下載

https://github.com/evanchen76/KoinSample
https://github.com/evanchen76/mvvmkoinsample

4.7 Retrofit 的測試

在之前的範例，我們都是在 Repository 模擬呼叫 WebAPI 來取得資料，現在要實際接上一個 WebAPI 來看看應該怎麼測試。要測試有沒有真的呼叫到 WebAPI，那這會是一個 e2e 的測試。這篇的重點將以單元測試的方式來介紹怎麼測試 Repository。

我們使用 Retrofit 加 RxJava 來處理呼叫 Web API。

這段我們要來處理 Repository 呼叫 API 的測試呼叫 Web API 取得商品資料。

與上一篇 MVVM 使用相同的範例，我們要先把 Retrofit 加 RxJava 呼叫 WebAPI 的功能實做出來。

Build.gradle 加上 dependencies：

```
dependencies {
    //Rxjava
    implementation 'io.reactivex.rxjava2:rxjava:2.1.10'
    implementation 'io.reactivex.rxjava2:rxandroid:2.0.2'
```

```
    implementation 'com.squareup.retrofit2:retrofit:2.4.0'
    implementation 'com.squareup.retrofit2:converter-gson:2.4.0'
    implementation 'com.jakewharton.retrofit:retrofit2-rxjava2-
adapter:1.0.0'
    implementation 'com.squareup.okhttp3:logging-interceptor:3.8.1'
}
```

新增 NetworkService，在這裡實作呼叫 WebAPI：

1. ApiConfig 定義 API 網址

2. NetworkService 實作 Retrofit 從 WebAPI 取得資料

```
object ApiConfig {
    const val WEB_HOST = ""
    const val TIME_OUT_CONNECT = 30
    const val TIME_OUT_READ = 30
    const val TIME_OUT_WRITE = 30
    const val productUrl = "Your PRODUCT API URL"
    const val buyUrl = "Your BUY API URL"
}

class NetworkService(interceptor: Interceptor) {
    var serviceAPI: ServiceApi
    init {
        val client = OkHttpClient.Builder()
            .addInterceptor(interceptor)
            .connectTimeout(ApiConfig.TIME_OUT_CONNECT.toLong(),
TimeUnit.SECONDS)
            .readTimeout(ApiConfig.TIME_OUT_READ.toLong(),
TimeUnit.SECONDS)
            .writeTimeout(ApiConfig.TIME_OUT_WRITE.toLong(),
TimeUnit.SECONDS)
            .build()
```

```
        val retrofit = Retrofit.Builder()
            .addCallAdapterFactory(RxJava2CallAdapterFactory.create())
            .addConverterFactory(GsonConverterFactory.create())
            .baseUrl(ApiConfig.WEB_HOST)
            .client(client)
            .build()
        serviceAPI = retrofit.create(ServiceApi::class.java)
    }
```

加入 interface ServiceApi，在這裡定義呼叫的 API 網址與回傳格式。

```
interface ServiceApi {
    @GET(ApiConfig.productUrl)
    fun getProduct(): Single<Response<ProductResponse>>
    @GET(ApiConfig.buyUrl)
    fun buy(): Single<Response<BuyResponse>>
}
```

新增 BaseInterceptor。

```
class BaseInterceptor : Interceptor {
    @Throws(IOException::class)
    override fun intercept(chain: Interceptor.Chain): Response {
        val original = chain.request()
        val request = original.newBuilder()
            .method(original.method(), original.body())
            .build()
        return chain.proceed(request)
    }
}
```

build.gradle 加上 ProductFlavors ，區分 mock 與 prod 兩個版本，待會會說明功用。

```
android {
    flavorDimensions "default"
    productFlavors {
        mock {
        }
        prod {
        }
    }
}
```

如圖 4-12，將專案切換至 Project 模式，分別建立 mock 與 prod 的 Package

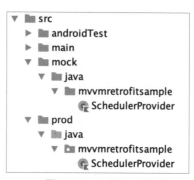

▲ 圖 4-12　Project 模式

在兩個 ProductFlavor 分別建立各自的 ScheduleProvider，待會在使用 RxJava 抓資料時，測試就不會用非同步的方式。

Prod 的 ScheduleProvider：

```
class SchedulerProvider  {
    companion object {
        fun computation() = Schedulers.computation()
        fun mainThread() = AndroidSchedulers.mainThread()!!
        fun io() = Schedulers.io()
    }
}
```

Mock 的 ScheduleProvider：

```kotlin
class SchedulerProvider  {
    companion object {
        fun computation() = Schedulers.trampoline()
        fun mainThread() = Schedulers.trampoline()
        fun io() = Schedulers.trampoline()
    }
}
```

接著修改 ProductRepository，調整為使用 Retrofit 與 RxJava 的方式。

```kotlin
interface IProductRepository {
    fun getProduct(): Single<ProductResponse>
    fun buy(id: String, items: Int): Single<Boolean>
}

class ProductRepository(private val serviceApi: ServiceApi) :
IProductRepository {
    override fun getProduct(): Single<ProductResponse> {
        return serviceApi.getProduct()
            .map {
                it.body()
            }
    }
    override fun buy(id: String, items: Int): Single<Boolean> {
        val buyRequest = BuyRequest()
        buyRequest.id = id
        buyRequest.number = items
        return serviceApi.buy()
            .map {
                it.body()
            }.map(BuyResponse::result)
```

```
    }
    companion object {
        private var INSTANCE: ProductRepository? = null
        @JvmStatic fun getInstance(serviceApi: ServiceApi) =
            INSTANCE ?: synchronized(ProductRepository::class.java) {
                INSTANCE ?: ProductRepository(serviceApi)
                    .also { INSTANCE = it }
            }
        @JvmStatic fun destroyInstance() {
            INSTANCE = null
        }
    }
}
```

ViewModel 也需要修改，原本使用 Callback 的方式，都改為 RxJava 了。

```
class ProductViewModel(private val productRepository: IProductRepository)
: ViewModel(){
    var productId: MutableLiveData<String> = MutableLiveData()
    var productName: MutableLiveData<String> = MutableLiveData()
    var productDesc: MutableLiveData<String> = MutableLiveData()
    var productPrice: MutableLiveData<Int> = MutableLiveData()
    var productItems: MutableLiveData<String> = MutableLiveData()
    var alertText: MutableLiveData<Event<String>> = MutableLiveData()
    var buySuccessText: MutableLiveData<Event<String>> =
MutableLiveData()
    fun getProduct(productId: String) {
        this.productId.value = productId
        productRepository.getProduct()
            .subscribeOn(SchedulerProvider.io())
            .observeOn(SchedulerProvider.mainThread())
            .subscribe({ data ->
```

```
            productName.value = data.name
            productDesc.value = data.desc
            productPrice.value = data.price
        },
        { throwable ->
            println(throwable)
        })
    }
    fun buy(){
        val productId = productId.value ?: ""
        val numbers = (productItems.value ?: "0").toInt()
        productRepository.buy(productId, numbers)
            .subscribeOn(SchedulerProvider.io())
            .observeOn(SchedulerProvider.mainThread())
            .subscribe({ data ->
                if (data) { // 購買成功
                    buySuccessText.value = Event(" 購買成功 ")
                } else {
                    // 購買失敗
                    alertText.value = Event(" 購買失敗 ")
                }
            },
            { throwable ->
                println(throwable)
            })
    }
}
```

DI 的部分也要調整。

di/AppModule.kt

```
val appModule = module {
    viewModel {
        val networkServiceApi = NetworkService(BaseInterceptor())
        val productRepository = ProductRepository(networkServiceApi.
serviceAPI)
        ProductViewModel(productRepository)
    }
}
```

開始寫 ProductRepository 測試

在 ProductRepository，這段取得產品資訊的 getProduct。

```
override fun getProduct(): Single<ProductResponse> {
    return serviceApi.getProduct()
        .map {
            it.body()
        }
}
```

接著要驗證當 WebAPI 回傳這樣的 Json 時，是否有回傳 Single。

```
{
    "id":"pixel4",
    "name":"Google Pixel 4",
    "desc":"5.5 吋全螢幕 ",
    "price":27000
}
```

當然在單元測試，我們不可能去呼叫真實的 WebAPI。這邊我會比較傾向用整合測試的方式，讓 NetworkService 注入假資料 Json 與 http 的 Response status，同時驗證 Json 轉 ProductResponse 是否符合結果及 getProduct 本身的邏輯處理。

如圖 4-13，新增一個目錄 sharedTest，裡面準備測試的 fakejson。

▲ 圖 4-13　sharedTest 目錄

在 build.gradle 指定 sourceSets 讓測試可以使用 shareTest 這個 package。

```
android{
    sourceSets {
        String sharedTestDir = 'src/sharedTest/java'
        String fakeJsonDir = 'src/sharedTest/fakejson'
        test {
            java.srcDir sharedTestDir
            resources.srcDirs += fakeJsonDir
        }
        androidTest {
            java.srcDir sharedTestDir
            resources.srcDirs += fakeJsonDir
        }
    }
}
```

ProductRepositoryTest 的測試

步驟 1　建立 MockInterceptor，指定 httpStatus = 200、載入 product.json 為假資料。

```
val interceptor = MockInterceptor()interceptor.
setInterceptorListener(object : MockInterceptor.MockInterceptorListener {
    override fun setAPIResponse(url: String): MockAPIResponse? {
```

```
        val mockAPIResponse = MockAPIResponse()
            mockAPIResponse.status = 200
            mockAPIResponse.responseString =
Utils.readStringFromResource("product.json")
            return mockAPIResponse
        }
    })
```

步驟 2 注入 Repository。

```
val networkService = NetworkService(interceptor)
repository = ProductRepository(networkService.serviceAPI)
```

步驟 3 呼叫被測試物件及驗證。一般來說，我們可能不會在這裡把 Json 轉 Response 的所有欄位都做驗證，當 API 回傳的欄位太多時，這樣的測試就會顯得太鎖碎。這裡的測試主要應為 API 回應的 Status 狀態的處理、Json 轉換 Response 正確與錯誤的處理，或者你可能會依 Response 的某個欄位做不同處理時。大部分時候 JSON 與欄位的對映是否正確就不是你的測試的重點了。

當有這些情況，這是更需要測試的：

1. Json 轉換時正確與錯誤的處理
2. 依 Http Status 不同狀態的處理
3. 整理 API 回傳的 Response 資料，自行處理的部分。

```
@Test
fun getProduct(){
    val id = "pixel4"
    val name = "Google Pixel 4"
    val desc = "5.5 吋全螢幕 "
    val price = 27000
```

```
    // 呼叫被測試物件
    val product = repository.getProduct().blockingGet()
    Assert.assertEquals(id, product.id)
    Assert.assertEquals(desc, product.desc)
    Assert.assertEquals(name, product.name)
    Assert.assertEquals(price, product.price)
}
```

ViewModel 的測試

改成 Rxjava 之後，測試 ViewModel 就更方便了。直接 Mock Repository，
回傳值為 Single.just(product)

```
@Test
fun getProduct() {
    val product = ProductResponse()
    product.id = "pixel3"
    product.name = "Google Pixel3"
    product.price = 27000
    product.desc = "5.5 吋全螢幕 "

    every { stubRepository.getProduct()}
        .answers {
            Single.just(product)
        }

    val viewModel = ProductViewModel(stubRepository)
    viewModel.getProduct(product.id)
    Assert.assertEquals(product.name, viewModel.productName.value)
    Assert.assertEquals(product.desc, viewModel.productDesc.value)
    Assert.assertEquals(product.price, viewModel.productPrice.value)
}
```

購買成功的測試：

```
@Test
fun buySuccess() {
    every { stubRepository.buy(any(), any())}
        .answers {
            Single.just(true)
        }
    val productViewModel = ProductViewModel(stubRepository)
    productViewModel.buy()
    Assert.assertTrue(productViewModel.buySuccessText.value != null)
}
```

購買失敗的測試：

```
@Test
fun buyFail() {
    every { stubRepository.buy(any(), any())}
        .answers {
            Single.just(false)
        }
    val productViewModel = ProductViewModel(stubRepository)
    productViewModel.productId.value = "pixel3"
    productViewModel.productItems.value = "2"
    productViewModel.buy()
    Assert.assertTrue(productViewModel.alertText.value != null)
}
```

範例下載

https://github.com/evanchen76/mvvmretrofit

4.8 RxJava 的測試

在上一節呼叫 WebAPI 的範例，我們使用了 Rxjava，這一篇要再深入介紹在使用 Rxjava 時應該怎麼測試。

- Mock 一個 Observable
- 驗證 Observable
- 測試 Schedulers

Mock 一個 function 回傳 Observable

當我們遇到一個外部相依的回傳值為 Observable 時，直接使用 Single.just 或 Observable.just 即可。

```kotlin
@Test
fun getDataTest() {
    val repository = mockk<IRepository>()
    //Mock 一個 repository，回傳 Observable
    every { repository.getSingleString() }
        .answers {
            Single.just("Test")
        }
    val presenter = Presenter(repository)
    presenter.getSomeBoolean()
    assertEquals("Test Plus", presenter.someString)
}
```

驗證 Observable

如果要測試一個 Observable，可以使用 blockingGet 來取得發射的結果。

```
@Test
fun getDataTest() {
    val singleString = Repository().getSingleString()
    val expected = "Test"
    val actual = singleString.blockingGet()
    Assert.assertEquals(expected, actual)
}
```

也可以使用 TestObserver 的方式來測試。TestObserver 比起 blockingGet 的
作法有更多的功能。

```
@Test
fun getDataTest2() {
    val singleString = Repository().getSingleString()
    val testObserver = TestObserver<String>()
    singleString.subscribe(testObserver)
    testObserver.assertResult("Test")
}
```

測試多個值的發射。

```
@Test
fun test(){
    val testObserver = TestObserver<String>()
    Observable.just("a", "b", "c")
        .subscribe(testObserver)
    testObserver.assertValues("a", "b", "c" )
}
```

測試是否完成：

```
testObserver.assertComplete()
```

測試數量：

```
testObserver.assertValueCount(2)
```

Schedulers

我們經常會使用 Schedulers 在 io 執行緒與 MainThread 切換處理不一樣的
事。在單元測試就會因為在不同的執行緒而產生錯誤。

```
java.lang.RuntimeException: Method getMainLooper in android.os.Looper not
mocked.@Test

fun testScheduler(){
    val testObserver = TestObserver<String>()
    Single.just("1")
        .subscribeOn(Schedulers.io())
        .observeOn(AndroidSchedulers.mainThread())
        .subscribe(testObserver)
    testObserver.assertResult("1")
}
```

解決的方式是在單元測試的時候使用 Schedulers.trampoline()。建立一個
ISchedulerProvider，用注入的方式讓 Schedulers 在執行單元測試時都是
Schedulers.trampoline()。

```
interface ISchedulerProvider {
    fun computation() = Schedulers.trampoline()
    fun mainThread() = Schedulers.trampoline()
    fun io() = Schedulers.trampoline()
}
class SchedulerProvider :ISchedulerProvider{
    override fun computation() = Schedulers.computation()
    override fun mainThread() = AndroidSchedulers.mainThread()
```

```
    override fun io() = Schedulers.io()
}class TrampolineSchedulerProvider :ISchedulerProvider{
    override fun computation() = Schedulers.computation()
    override fun mainThread() = Schedulers.trampoline()
    override fun io() = Schedulers.trampoline()
}
```

測試時使用 TrampolineSchedulerProvider：

```
@Test
fun testScheduler(){
    val testObserver = TestObserver<String>()
    val schedulerProvider = TrampolineSchedulerProvider()
    Single.just("1")
        .subscribeOn(schedulerProvider.io())
        .observeOn(schedulerProvider.mainThread())
        .subscribe(testObserver)
    testObserver.assertResult("1")
}
```

範例下載

https://github.com/evanchen76/RxjavaUnitTest

4.9 小結

我們曾提到 Android 測試的其中一個困難點在於 Activity 經常有著過多的邏輯。本章分別介紹了在 MVP(Model View Presenter)、MVVM(Model View ViewModel) 這兩種架構。這兩種架構都是為了簡化 view 與商業邏輯資料處理互相溝通的邏輯，讓不同的元件拆得更乾淨，減少彼此的耦合。

MVP 、MVVM 差異

MVP 已經把 Activity 一部分的責任放到 Presenter 處理。Presenter 與 View 的溝通透過 Viewd Interface 的 callback 去通知 View。如果兩者間的行為過於複雜，View 與 Presenter 中間的接口越來越多，View 的實現的方法會越來越多。同時對於 UI 的輸入與數據的變化，仍要手動處理。也因此 View 與 Presenter 還是有一定的耦合度，一但當 View 裡的某個 UI 元素要改變，中間的 Interface 就必須修改。

MVVM 的 View 與 ViewModel 則是透過用觀察者模式，當 LIfeCycle 的狀態改變，LiveData 會通知觀察者，以便更新 UI。測試就更方便了，ViewModel 與 View 的關係並沒有耦合。

數據驅動

MVVM 的另一個特色就是數據驅動，傳統方法要再 Activity 取得 UI 元件再更新 UI。而 MVVM 當 ViewModel 變化時，直接通知 UI 更新。讓 ViewModel 只關心數據，不需要與 UI 交互。

可測試性

在寫 Presenter 測試時，你必須去驗證與 View 的互動當你寫驗證是否有呼叫 View 的 Interface，其實你的測試已經包含一部分 View 的行為。ViewModel 則專注在邏輯與數據 (LiveData)。

其他差異

- Presenter 擁有 View 的參考，而 ViewModel 沒有。
- Presenter 與 View 通常是一對一的關係。
- ViewModel 與 View 可以是一對多的關係。
- ViewModel 不需知道 View 是否在監聽。

MVVM 與 MVP 的選擇

綜合以上的比較與優缺點，個人會選擇用 MVVM 的架構，在可測試性、維護性，MVVM 都比 MVP 來得較好。

關於 Android 的架構，官方還有許多的資源可以參考。LiveData、ViewModel 這些都是屬於 Android Architecture Components 的一部分。甚至是 Android Jetpack 都很值得一看，對於提升可測試性也是有幫助的。

參考網站

Android Architecture Components

https://developer.android.com/topic/libraries/architecture

Android Jetpack

https://developer.android.com/jetpack/

Data Binding Library

https://developer.android.com/topic/libraries/data-binding

ViewModel

https://developer.android.com/topic/libraries/architecture/viewmodel

LiveData

https://developer.android.com/topic/libraries/architecture/livedata

Koin

https://insert-koin.io/

Android TDD
測試驅動開發

5.1 TDD 測試驅動開發

TDD 測試驅動開發 (Test-driven development)，是一種**先寫測試再寫產品程式碼**的開發方式。先寫測試有助於先想清楚需求是什麼。

TDD 的步驟如圖 5-1 的紅燈、綠燈、重構循環：

1. 紅燈：撰寫失敗的測試案例。
2. 綠燈：快速實作功能讓測試案例通過。
3. 重構：在不改變功能的前提下，修改程式碼來改善可維護性。

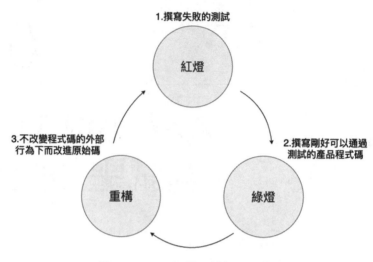

▲ 圖 5-1　TDD 紅燈、綠燈、重構循環

步驟1 撰寫失敗的測試。

我們用一個加法計算的功能來示範 TDD。

先寫測試案例，當 MyMath.add 傳入 1 與 2，回傳值應為 3。

```
@Test
fun addTest() {
    val expected = 3
    val actual = MyMath().add(1, 2)
    Assert.assertEquals(expected, actual)
}
```

因為還沒有寫 MyMath 這個類別，所以上面會顯示紅字表示錯誤。接著在 MyMath 上按下 Option + Enter(Alt + Enter)，點選 Create class MyMath。請參見圖 5-2。

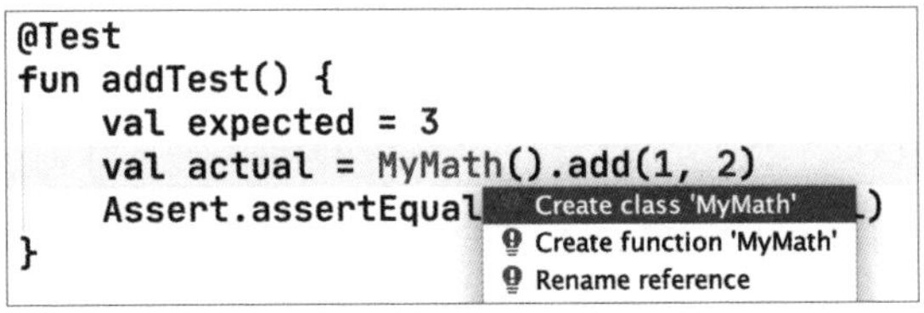

```
@Test
fun addTest() {
    val expected = 3
    val actual = MyMath().add(1, 2)
    Assert.assertEqual    Create class 'MyMath'     )
}                         💡 Create function 'MyMath'
                          💡 Rename reference
```

▲ 圖 5-2　新增測試

在圖 5-3，選擇目的地路徑後，產生 MyMath。

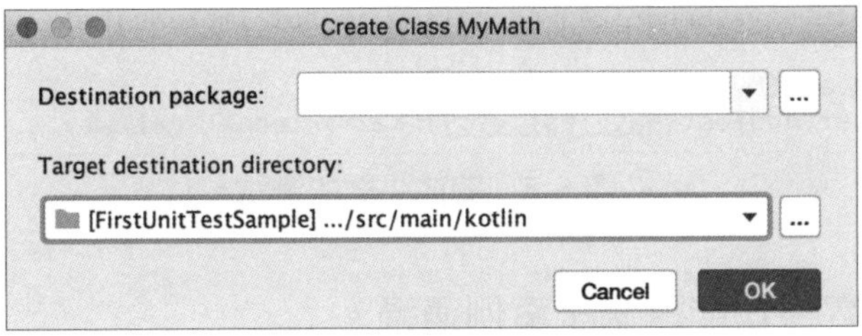

```
● ● ●                Create Class MyMath

Destination package:  [                    ] ▼  [...]

Target destination directory:

📁 [FirstUnitTestSample] .../src/main/kotlin  ▼  [...]

                              Cancel      OK
```

▲ 圖 5-3　選擇目的地路徑

產生完之後，我們再回到測試程式碼。因為 MyMath 還沒有 add 的方法，所以一樣會是紅色顯示錯誤，在圖 5-4 測試程式碼的 MyMath.add() 上按 Option + Enter (Alt + Enter)，選擇 Create member function MyMath.add，產生 add 方法。

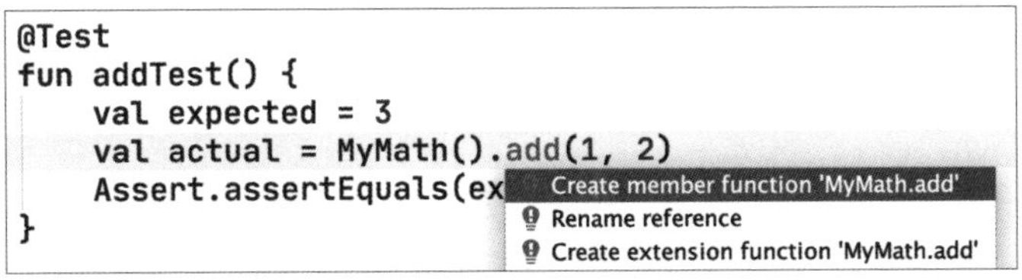

```
@Test
fun addTest() {
    val expected = 3
    val actual = MyMath().add(1, 2)
    Assert.assertEquals(ex   Create member function 'MyMath.add'
}                            💡 Rename reference
                             💡 Create extension function 'MyMath.add'
```

▲ 圖 5-4　產生方法 MyMath.add

產生 add 函式之後，還不要實作，保留如下程式的 TODO("not implemented")。

```
class MyMath {
    fun add(number1: Int, number2: Int): Int {
        TODO("not implemented")
```

```
        }
    }
}
```

回到測試，執行測試。如圖 5-5，看到 An operation is not implemented。到這裡就完成了 TDD 的第一步驟，撰寫失敗的測試。

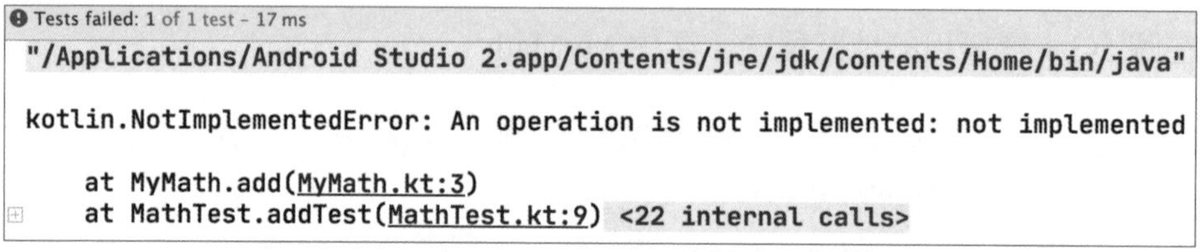

```
● Tests failed: 1 of 1 test – 17 ms

"/Applications/Android Studio 2.app/Contents/jre/jdk/Contents/Home/bin/java"

kotlin.NotImplementedError: An operation is not implemented: not implemented

    at MyMath.add(MyMath.kt:3)
    at MathTest.addTest(MathTest.kt:9) <22 internal calls>
```

▲ 圖 5-5　完成失敗的測試。

步驟 2 快速實作功能讓測試案例通過。

在 TDD 的第二個步驟，我們要想辦法實作**產品程式碼 MyMath.add** 來通過測試。

完成 MyMath 的 add 方法功能：

```
class MyMath {
    fun add(number1: Int, number2: Int): Int {
        return number1 + number2
    }
}
```

執行測試後通過測試。如果程式碼需要重構，就進入 TDD 的步驟三：重構。

先寫測試最主要的好處是讓你先想清楚需求是什麼，依照需求撰寫測試案例，再把產品程式碼完成。你可以發現透過 TDD，用工具產生程式碼的方式 (Option + Enter)，不需要在不同的檔案中跳來跳去，讓你的思慮更清楚。你不需要先寫出 MyMath 類別的完整功能，而是在測試程式先寫出你的需求後，再透過產生程式碼的方式讓 MyMath 一步一步寫完通過測試。

TDD 範例二 晴天 9 折

再來看一個稍微複雜的案例。在單元測試一章的賣雨傘的計價 (晴天打 9 折)。這個案例描述 1 隻雨傘 100 元，購買 3 隻，總價應是 300。

第一步：撰寫失敗的測試案例。

```
@Test
fun totalPrice(){
    val umbrella = Umbrella()
    val actual = umbrella.totalPrice(3, 100)
    val expected = 300
    Assert.assertEquals(expected,actual)
}
```

在 Umbrella() 及 totalPrice，按下 option + Enter 產生這段尚未實作的產品程式碼。

```
class Umbrella {
    fun totalPrice(quantity: Int, price: Int) :Int {
        TODO("not implemented")
    }
}
```

執行測試，得到了第一個失敗的測試，接著讓產品程式碼完成。

```
class Umbrella {
    fun totalPrice(quantity: Int, price: Int) :Int {
        return quantity * price
```

```
    }
}
```

再執行測試就會通過了。

加上晴天打9折的測試案例。購買3份，應是270元。將 IWeather. isSunny() 固定回傳晴天。

```
@Test
fun totalPrice_sunnyDay() {
    val weather = mockk<IWeather>()
    val umbrella = Umbrella(weather)
    every { weather.isSunny() } returns (true)
    val actual = umbrella.totalPrice(3, 100)
    val expected = 270
    Assert.assertEquals(expected, actual)
}
```

Umbrella 的建構子加上了 weather。

```
class Umbrella(val weather: IWeather) {
    fun totalPrice(quantity: Int, price: Int) :Int {
        return quantity * price
    }
}
```

這時候只有 IWeather 的 Interface，並未實作。

```
interface IWeather {
    fun isSunny(): Boolean
}
```

執行測試，得到失敗的測試。

```
java.lang.AssertionError: expected:<270> but was:<300>
```

接著用最簡單的方式完成產品程式碼。加上晴天打 9 折的判斷。

```
class Umbrella(val weather: IWeather) {
    fun totalPrice(quantity: Int, price: Int): Int {
        if (weather.isSunny()) {
            return quantity * (price * 0.9).toInt()
        }
        return quantity * price
    }
}
```

執行測試，通過測試。代表這個需求完成了。接著 TDD 的第三步驟：重構程式碼。

```
fun totalPrice(quantity: Int, price: Int): Int {
    var unitPrice = price
    if (weather.isSunny()) {
        unitPrice = (price * 0.9).toInt()
    }
    return quantity * unitPrice
}
```

執行全部測試，通過測試後就完成了，也證明了你沒有因為重構而改壞掉。

TDD 的先寫測試，其重點在於先想好要的目標，所以這個測試，不只是測試，更是一種需求的描述。以最少量、剛好能運作的測試，不斷的逼出需求的關鍵分歧點。

如果先寫產品程式碼再寫測試，你可能會覺得浪費時間，既然需求都完成了，為什麼還要寫測試。TDD 也正好可以解決這個問題。

範例下載

https://github.com/evanchen76/TDDUmbrellaPrice

5.2 Android MVP 架構下的 TDD

Google 在 Google IO 2017 時介紹了怎麼在 Android 的 TDD。

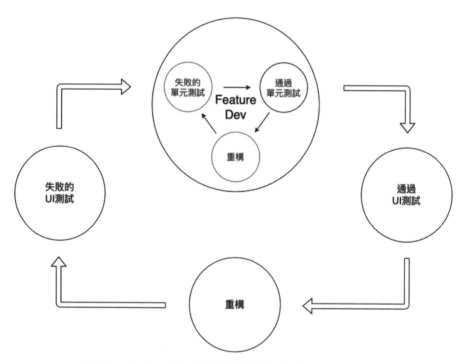

▲ 圖 5-6 Android 的 TDD 循環 (圖片參考 Google IO 2017)

在圖 5-6 中 TDD 的循環分為幾個步驟：

1. 撰寫失敗的 UI 測試。

2. 依序完成 Feature Dev。每個 Feature Dev 裡會有自已的 TDD 小循環，而裡面的測試就是單元測試。

3. 等所有的 Feature Dev 完成之後，最後通過 UI 測試。

4. 進行重構。

我們就以先前 MVP 架構的範例來説明在 MVP 的 TDD，範例畫面請見圖 5-7。

▲ 圖 5-7　範例：商品購買畫面

開始之前，我們可以先擬出 MVP 應會有哪些步驟，先想清楚需求是什麼。

以下步驟，請您務必搭配範例檔案的每一個 commit 一起看。

步驟

1. 撰寫失敗的 UI 測試。

2. 寫失敗的 Presenter 測試。

3. 實作通過 Presenter 測試。

4. 重構 Presenter。

5. 寫失敗的 Repository 測試。

6. 實作通過 Repository 測試。

7. 重構 Repository。

8. 實作 UI 通過 UI 測試。

9. 重構 UI。

失敗的 UI 測試

開始寫測試之前，先建立 Layout。包含 ProductActivity、activity_product. xml，只是尚未繫結資料。

新增 UI 測試 ProductScreenTest。

```
@RunWith(AndroidJUnit4::class)
@LargeTest
class ProductScreenTest {
    @get:Rule
    var activityActivityTestRule = ActivityTestRule
(ProductActivity::class.java, true, false)
    @Test
    fun productViewTest() {
        val intent = Intent()
        activityActivityTestRule.launchActivity(intent)
        Thread.sleep(2000)
        Espresso.onView(ViewMatchers.withId(R.id.productName))
            .check(ViewAssertions.matches(ViewMatchers.withText
("Google Pixel 3")))
    }
}
```

執行測試，測試失敗。完成了第一個失敗的 UI 測試。

Feature Dev

圖 5-8，再回到 Android 的循環圖。從開始中間的小圈圈 Feature Dev，也就
是針對每個 Feature 的單元測試。

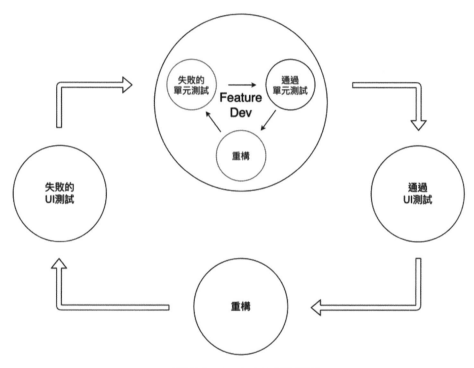

▲ 圖 5-8　Android TDD 循環

撰寫 Presenter 的測試

在 MVP 的 架 構，Presenter 在 跟 Repository 取 資 料 後，會 呼 叫 View 的
Callback 更新 UI。

撰寫測試：呼叫 presenter.getProduct 時是否有呼叫 Repository。

```kotlin
class ProductPresenterTest {

    private lateinit var presenter: ProductContract.IProductPresenter

    @MockK(relaxed = true)
    private lateinit var repository: IProductRepository

    @Before
    fun setupPresenter() {
        MockKAnnotations.init(this)
        presenter = ProductPresenter(repository)
    }

    @Test
    fun getProductTest() {
        val productId = "pixel3"
        val slot = slot<IProductRepository.LoadProductCallback>()
        // 驗證是否有呼叫 IProductRepository.getProduct
        presenter.getProduct(productId)
        verify { repository.getProduct(eq(productId), capture(slot)) }
    }
}
```

注意 ProductPresenter 這時候還未實作。

```kotlin
class ProductPresenter(val repository: IProductRepository) :
ProductContract.IProductPresenter
{
    override fun getProduct(productId: String) {
        TODO("not implemented")
    }
}
```

由於這個測試是驗證是否有呼叫 IProductRepository.getProduct，所以這時候的 Repository 只會有 Interface，還不需要實作。

執行測試後，完成了第一個失敗的測試。

```
kotlin.NotImplementedError: An operation is not implemented: not
implemented
```

接著要實作 presenter 呼叫 Repository 的部分，讓測試通過。請記得這裡還不需要呼叫 view 的 callback，這個測試還沒有包含 view 的 callback。

```kotlin
class ProductPresenter(val repository: IProductRepository) :
ProductContract.IProductPresenter
{
    override fun getProduct(productId: String) {
        repository.getProduct(productId, object : IProductRepository.
LoadProductCallback{
            // 還沒處理 View 的 callback
        })
    }
}
```

接著要測試 Presenter.getProduct 完成後是否有 Callback View。

```kotlin
class ProductPresenterTest {
    private lateinit var presenter: ProductContract.IProductPresenter
    @MockK(relaxed = true)
    private lateinit var repository: IproductRepository
    @MockK(relaxed = true)
    private lateinit var view: ProductContract.IproductView
    private var productResponse = ProductResponse()
    @Before
    fun setupPresenter() {
```

```
        MockKAnnotations.init(this)
        presenter = ProductPresenter(repository)
        productResponse.id = "pixel3"
        productResponse.name = "Google Pixel 3"
        productResponse.price = 27000
        productResponse.desc = "Desc"
    }


    @Test
    fun getProductCallBackTest() {
        val productId = "pixel3"
        val slot = slot<IProductRepository.LoadProductCallback>()
        // 驗證是否有呼叫 IProductRepository.getProduct
        every { repository.getProduct(eq(productId), capture(slot)) }
            .answers {
                // 將 callback 攔截下載並指定 productResponse 的值。
                slot.captured.onProductResult(productResponse)
            }
        presenter.getProduct(productId)
        // 驗證是否有呼叫 View.onGetResult 及是否傳入 productResponse
        verify { view.onGetResult(eq(productResponse)) }
    }
}
```

執行測試，得到錯誤。

```
kotlin.NotImplementedError: An operation is not implemented: not
implemented
```

接著完成 presenter.getProduct，通過測試。

```
class ProductPresenter(
    val view: ProductContract.IProductView
```

```
    val repository: IProductRepository
) : ProductContract.IProductPresenter
{
    override fun getProduct(productId: String) {
        repository.getProduct(productId, object : IProductRepository.
LoadProductCallback{
            override fun onProductResult(productResponse:
ProductResponse) {
                view.onGetResult(productResponse)
            }
        })
    }}
```

再次執行測試，綠燈。證明 Presenter.getProduct 完成了。

撰寫 Repository 的測試

接著開始 Repository 的功能，陸續的完成各個 Feature Dev 的測試。

新增 ProductRepositoryTest，測試是否有呼叫 ProductAPI。

```
class ProductRepositoryTest {

    lateinit var repository: IProductRepository
    @MockK(relaxed = true)
    private lateinit var repositoryCallback: IProductRepository.
LoadProductCallback

    @MockK(relaxed = true)
    private lateinit var productAPI: IProductAPI

    @Before
```

```
    fun setupPresenter() {
        MockKAnnotations.init(this)
        repository = ProductRepository(productAPI)
    }


    @Test
    fun getProductTest() {
        // 驗證跟 Repository 取得資料
        val productId = "pixel3"

        // 驗證是否有呼叫 IProductAPI.getProduct
        val slot = slot<IProductAPI.LoadAPICallback>()

        repository.getProduct(productId, repositoryCallback)

        verify { productAPI.getProduct(any(), capture(slot)) }
    }
}
```

ProductRepository.getProduct 尚未實作。

```
class ProductRepository(val productAPI: IProductAPI) : IProductRepository {
    override fun getProduct(productId: String, capture:
IProductRepository.LoadProductCallback) {
        TODO("not implemented")
    }}
```

執行測試，測試失敗。

```
kotlin.NotImplementedError: An operation is not implemented: not
implemented
```

接著完成 ProductionCode：Repository 呼叫 ProductAPI。

```
class ProductRepository(val productAPI: IProductAPI) : IProductRepository {
    override fun getProduct(productId: String, callback:
IProductRepository.LoadProductCallback) {
        productAPI.getProduct(productId, object : IProductAPI.
LoadAPICallback{

        })
    }}
```

執行測試：綠燈。

接著寫 Repository 的 Callback 的測試。

```
@Test
fun getProductTestCallback() {
    // 驗證跟 Repository 取得資料
    val productId = "pixel3"
    // 驗證是否有呼叫 IProductAPI.getProduct
    val slot = slot<IProductAPI.LoadAPICallback>()
    every { productAPI.getProduct(any(), capture(slot)) }
        .answers {
            // 將 callback 攔截下載並指定 productResponse 的值。
            slot.captured.onGetResult(productResponse)
        }
    repository.getProduct(productId, repositoryCallback)
    // 驗證是否有呼叫 Callback
    verify { repositoryCallback.onProductResult(productResponse) }
}
```

執行測試：測試失敗。

```
kotlin.NotImplementedError: An operation is not implemented: not
implemented
```

完成 ProductRepository.getProduct，通過測試。

```
class ProductRepository(private val productAPI: IProductAPI) :
IProductRepository {
    override fun getProduct(productId: String, callback:
IProductRepository.LoadProductCallback) {
        productAPI.getProduct(productId, object :
IProductAPI.LoadAPICallback{
            override fun onGetResult(productResponse: ProductResponse) {
                callback.onProductResult(productResponse)
            }
        })
    }
}
```

執行測試：測試通過。

通過 UI 測試

這樣 Repository 也完成了，所有的 Feature Dev 都完成了，接著可以開始想辦法通過 UI 測試。回到 Activity，將實作 ProductContract.IProductView 及呼叫 productPresenter。

```
class ProductActivity : AppCompatActivity(), ProductContract.
IProductView{
    private val productId = "pixel3"
    override fun onCreate(savedInstanceState: Bundle?) {
        super.onCreate(savedInstanceState)
        setContentView(R.layout.activity_product)
        val productRepository = ProductRepository(ProductAPI())
        val productPresenter = ProductPresenter(this, productRepository)
        productPresenter.getProduct(productId)
    }
```

```
override fun onGetResult(productResponse: ProductResponse) {
    productName.text = productResponse.name
    productDesc.text = productResponse.desc
    val currencyFormat = NumberFormat.getCurrencyInstance()
    currencyFormat.maximumFractionDigits = 0
    val price = currencyFormat.format(productResponse.price)
    productPrice.text = price
}}
```

回到 UI 測試 ProductScreenTest，執行 UI 測試。通過測試。

```
class ProductScreenTest {
    @get:Rule
    var activityActivityTestRule = ActivityTestRule(ProductActivity::
class.java, true, false)
    @Test
    fun useAppContext() {
        // Context of the app under test.
        val appContext = InstrumentationRegistry.getTargetContext()
        assertEquals("evan.chen.tutorial.tdd.mvptddsample",
appContext.packageName)
    }

    @Test
    fun productViewTest() {
        val intent = Intent()
        activityActivityTestRule.launchActivity(intent)
        Thread.sleep(2000)
        Espresso.onView(ViewMatchers.withId(R.id.productName))
            .check(ViewAssertions.matches(ViewMatchers.withText("Google
Pixel 3")))
    }
}
```

這樣就通過 UI 測試了，如果需要重構就再接著重構。這就是一個在 MVP
架構下的 TDD。

範例下載

https://github.com/evanchen76/TDDMvp

5.3 Android MVVM 架構下的 TDD

MVVM 與 MVP 的 TDD 只有 ViewModel 的地方有不一樣，請再參考圖 5-9
的 TDD 循環來實作。

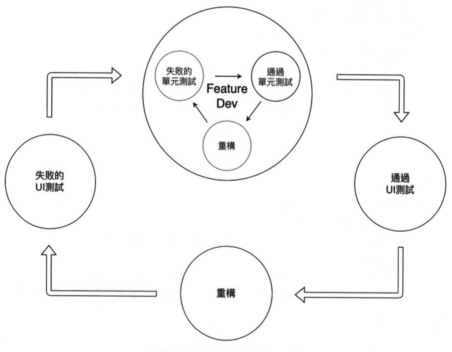

▲ 圖 5-9　Android TDD 循環

1. 撰寫失敗的 UI 測試
2. 接著依序完成裡面的 Feature Dev
3. 等所有的 Feature Dev 完成之後，最後通過 UI 測試
4. 進行重構

這樣就是一個 TDD 的循環。

以下步驟，請您務必搭配範例檔案的每一個 commit 一起看。

步驟

1. 撰寫失敗的 UI 測試。
2. 寫失敗的 ViewModel 測試。
3. 實作通過 ViewModel 測試。
4. 重構 ViewModel。
5. 寫失敗的 Repository 測試。
6. 實作通過 Repository 測試。
7. 重構 Repository。
8. 實作 UI 通過 UI 測試。
9. 重構 UI。

我們就以先前 MVVM+Retrofit 架構的範例來說明 MVVM 的 TDD。

失敗的 UI 測試

先建立好 UI，包含 ProductActivity、activity_product.xml。

新增 UI 測試 ProductScreenTest。在這個測試，我們要將 WebAPI 用注入的方式讓它直接從 json 取得 Response，而不是從真實的 WebAPI。

在 sharedTest/fakeJson 下加入 product.json。

```
{
    "id":"pixel4",
    "name":"Google Pixel 4",
    "desc":"5.5 吋全螢幕 ",
    "price":27000
}
```

新增 UI 測試 androidTest/ProductScreenTest。載入 Json 做為假的 Response，
測試是否有出現如 Json 上的產品名稱 Google Pixel 4。

```kotlin
class ProductActivityTest {
    @get:Rule
    var activityActivityTestRule = ActivityTestRule(ProductActivity::
class.java, true, false)
    @Test
    fun productViewTest() {
        val interceptor = MockInterceptor()
        interceptor.setInterceptorListener(object : MockInterceptor.
MockInterceptorListener {
            override fun setAPIResponse(url: String): MockAPIResponse? {
                if (url == ApiConfig.productUrl) {
                    val mockAPIResponse = MockAPIResponse()
                    mockAPIResponse.status = 200
                    mockAPIResponse.responseString = Utils.
readStringFromResource("product.json")
                    return mockAPIResponse
                }
                return null
            }
        })
        val networkService = NetworkService(interceptor)
        ProductRepository.getInstance(networkService.serviceAPI)
```

```
        val intent = Intent()
        activityActivityTestRule.launchActivity(intent)
        Thread.sleep(2000)
        Espresso.onView(ViewMatchers.withId(R.id.productName))
            .check(ViewAssertions.matches(ViewMatchers.withText("Google
Pixel 4")))
    }
}
```

APIConfig 加上 WebAPI 網址。

```
object ApiConfig {
    const val productUrl = "Your Product Url"
}
```

執行 UI 測試，得到失敗的 UI 測試。

撰寫 Repository 的測試

從 Repository 開始寫測試，repository 的 getProduct 應回傳 Response。

```
class ProductRepositoryTest {
    @get:Rule
    var instantExecutorRule = InstantTaskExecutorRule()
    private lateinit var repository: IproductRepository
    @Test
    fun getProduct() {
        val interceptor = MockInterceptor()
        interceptor.setInterceptorListener(object : MockInterceptor.
MockInterceptorListener {
            override fun setAPIResponse(url: String): MockAPIResponse? {
                val mockAPIResponse = MockAPIResponse()
```

```
                mockAPIResponse.status = 200
                mockAPIResponse.responseString = Utils.
readStringFromResource("product.json")
                return mockAPIResponse
            }
        })
        val networkService = NetworkService(interceptor)
        repository = ProductRepository(networkService.serviceAPI)
        val id = "pixel4"
        val name = "Google Pixel 4"
        val desc = "5.5 吋全螢幕 "
        val price = 27000
        val product = repository.getProduct().blockingGet()
        Assert.assertEquals(id, product.id)
        Assert.assertEquals(desc, product.desc)
        Assert.assertEquals(name, product.name)
        Assert.assertEquals(price, product.price)
    }
}
```

在這時候產生 ProductResponse。

```
class ProductResponse {
    lateinit var id: String
    lateinit var name: String
    lateinit var desc: String
    var price: Int = 0
}
```

而 ProductRepository 這時尚未實作。

```
class ProductRepository(private val serviceApi: ServiceApi) :
IProductRepository {
```

```
override fun getProduct(): Single<ProductResponse> {
    TODO("not implemented")
}
}
```

執行測試，得到失敗的測試。

```
kotlin.NotImplementedError: An operation is not implemented: not implemented
```

實作 getProduct，讓測試通過。

```
override fun getProduct(): Single<ProductResponse> {
    return serviceApi.getProduct()
        .map {
            it.body()
        }
}

interface ServiceApi {
    @GET(ApiConfig.productUrl)
    fun getProduct(): Single<Response<ProductResponse>>
}
```

執行測試，通過測試。這樣就完成了 Repository 與 ServiceApi 了。

撰寫 ViewModel 的測試

```
@Test
fun getProduct() {
    val product = ProductResponse()
    product.id = "pixel3"
    product.name = "Google Pixel3"
```

```
    product.price = 27000
    product.desc = "5.5 吋全螢幕 "
    every { stubRepository.getProduct()}
        .answers {
            Single.just(product)
        }
    val viewModel = ProductViewModel(stubRepository)
    viewModel.getProduct(product.id)
    Assert.assertEquals(product.name, viewModel.productName.value)
    Assert.assertEquals(product.desc, viewModel.productDesc.value)
    Assert.assertEquals(product.price, viewModel.productPrice.value)
}
```

getProduct 這時尚未實作。

```
class ProductViewModel(private val productRepository: IProductRepository) :
    ViewModel() {
    var productId: MutableLiveData<String> = MutableLiveData()
    var productName: MutableLiveData<String> = MutableLiveData()
    var productDesc: MutableLiveData<String> = MutableLiveData()
    var productPrice: MutableLiveData<Int> = MutableLiveData()
    var productItems: MutableLiveData<String> = MutableLiveData()
    init {
        productItems.value = ""
    }
    fun getProduct(id: String) { TODO("not implemented") }
}
```

執行測試，得到失敗的測試。

```
java.lang.AssertionError:
Expected :Google Pixel3
Actual   :null
```

實作 getProduct 讓它通過測試。

```
fun getProduct(id: String) {
    this.productId.value = id
    // 由於 API 是寫死的，不是真的可以傳入 id，所以這裡不傳入 id 到 getProduct()
    productRepository.getProduct()
        .subscribeOn(SchedulerProvider.io())
        .observeOn(SchedulerProvider.mainThread())
        .subscribe({ data ->
            productId.value = data.id
            productName.value = data.name
            productDesc.value = data.desc
            productPrice.value = data.price
        },
        { throwable ->
            println(throwable)
        })
}
```

執行測試，測試通過。在這裡應該就能很明顯感受到 MVVM 的好處，不用再去測試與 View 的互動。

通過 UI 測試

接著可以開始處理 Activity 了，想辦法讓這個 UI 測試通過。activity_product.xml 加上 DataBinding，並將 TextView 的 text 指定到 ViewModel 的屬性。

```
<layout xmlns:android="http://schemas.android.com/apk/res/android"
xmlns:tools="http://schemas.android.com/tools"
        xmlns:app="http://schemas.android.com/apk/res-auto">
```

```xml
<data>
    <variable
        name="productViewModel"
        type="evan.chen.tutorial.tddmvvmsample.ProductViewModel"/>
</data>
<LinearLayout
        android:layout_width="match_parent"
        android:layout_height="match_parent"
        android:padding="20dp"
        android:orientation="vertical"
        tools:context=".ProductActivity">
    <TextView
        android:layout_width="wrap_content"
        android:layout_height="wrap_content"
        android:textSize="36sp"
        android:id="@+id/productName"
        android:text="@{productViewModel.productName}"/>
    <TextView
        android:layout_width="wrap_content"
        android:layout_height="wrap_content"
        android:layout_marginTop="12dp"
        android:textSize="24sp"
        android:text="@{productViewModel.productDesc}"/>
    <TextView
        android:layout_width="wrap_content"
        android:layout_height="wrap_content"
        android:layout_marginTop="12dp"
        android:textSize="24sp"
        android:id="@+id/productPrice"
        android:text="@{`$` +Integer.toString(productViewModel.
productPrice)}"/>
        <LinearLayout
```

```xml
                android:layout_width="match_parent"
                android:layout_height="wrap_content"
                android:layout_marginTop="12dp"
                android:orientation="horizontal">
                <TextView
                    android:layout_width="wrap_content"
                    android:layout_height="wrap_content"
                    android:textSize="24sp"
                    android:text=" 數量 :"/>
                <EditText android:layout_width="50dp"
                    android:layout_height="wrap_content"
                    android:textSize="24sp"
                    android:id="@+id/productItems"
                    android:text="@={productViewModel.productItems}"/>
            </LinearLayout>
            <TextView
                android:layout_width="wrap_content"
                android:layout_height="wrap_content"
                android:layout_marginTop="12dp"
                android:textSize="24sp"
                android:layout_gravity="end"
                android:id="@+id/totalPrice" />
            <Button android:layout_width="match_parent"
                android:layout_height="wrap_content"
                android:layout_marginTop="24dp"
                android:padding="10dp"
                android:layout_gravity="center"
                android:text=" 購買 "
                android:id="@+id/buy"/>
    </LinearLayout>
</layout>
```

```kotlin
class ProductActivity : AppCompatActivity() {
    private val productId = "pixel3"
    private val productViewModel: ProductViewModel by viewModel()
    override fun onCreate(savedInstanceState: Bundle?) {
        super.onCreate(savedInstanceState)
        setContentView(R.layout.activity_product)
        val dataBinding = DataBindingUtil.
setContentView<ActivityProductBinding>(this, R.layout.activity_product)
        dataBinding.productViewModel = productViewModel
        dataBinding.lifecycleOwner = this
        productViewModel.getProduct(productId)
    }
}
```

補上 DI，Appdule.kt。

```kotlin
val appModule = module {
    viewModel {
        val networkServiceApi = NetworkService(BaseInterceptor())
        val productRepository = ProductRepository(networkServiceApi.
serviceAPI)
        ProductViewModel(productRepository)
    }
}
```

補上 DI，MVVMApplication。

```kotlin
class MVVMApplication : Application() {
    override fun onCreate() {
        super.onCreate()
        startKoin { modules(listOf(appModule)) }
    }
}
```

執行 ProductActivityTest，UI 測試通過後接著重構。這樣就完成 TDD 的一個循環了。

範例下載

https://github.com/evanchen76/TDDMvvm

5.4 TDD 小結

TDD 測試驅動開發 (Test-driven development)，是一種「先寫測試再寫產品程式碼」的開發技巧。

步驟

1. 紅燈：撰寫失敗的測試案例。
2. 綠燈：快速實作功能讓測試案例通過。
3. 重構：在不改變功能的前提下，修改程式碼。改善可維護性。

小步快跑

在寫產品程式碼時，應先達到程式碼是可用的目標，也就是快速實作功能讓測試案例通過。再重構成更簡潔的程式碼，每次只關注一件事。當每次新增的程式碼較少時，有問題時追蹤較快。確保我們用小步快跑的節奏。

僅在測試失敗，才寫新的程式碼

在 TDD 時，我們總是先寫失敗的測試，這個失敗的測試代表著需求不被產品程式碼滿足。如果你加了一個新的測試案例，不修改任何程式碼就測試成功，這意味著測試程式寫錯或是已經滿足了測試案例，當然就不用修改了。所以我們才只有在測試失敗時再加上新的程式碼。

先分析再寫測試

分析需求並拆解任務，TDD 讓我們養成習慣，在寫程式之前先思考怎麼將需求拆解成不同的任務。先寫測試聽起來會讓我們以為一開始就馬上寫測試，但其實應該的是先設計，先想清楚要怎麼寫。如果對需求不了解或對TDD 還不夠熟悉，寫起測試就會綁手綁腳。

維持綠燈

當你的其中一個測試是紅燈時，應盡快讓他變成綠燈，再來處理新的需求。在重構的時候也是一樣，重構應只在綠燈的時候才做。如果你在紅燈的時候重構，當有錯誤時，你不會知道是原本就有錯還是重構造成的錯，甚至引發一連串的紅燈。

TDD 與重構

TDD 的核心是紅燈 -> 綠燈 -> 重構。這代表重構是 TDD 非常重要的一環，重構的好不好將直接關係到 TDD 開發出來的程式碼品質。Android Studio 提供了很方便的重構功能，你應該儘量使用工具來重構以提高效率，也確認重構的安全。如果你要重構一個沒有測試保護的程式碼時，而這些程式碼又很難直接加上單元測試，你可以先加上 UI 測試來保護，再進行重構。

參考網站

Test-Driven Development on Android with the Android Testing Support Library (Google I/O '17)

https://www.youtube.com/watch?v=pK7W5npkhho

BDD 行為驅動開發

只用 TDD 開發仍有不足的地方，與非技術人員討論時缺乏共同語言。在寫測試案例時，工程師不見得會完全了解怎麼樣的測試案例才是符合需求的。你需要與產品經理、測試人員、商業相關人員討論需求及測試案例。用程式碼撰寫的測試案例，在與非技術人員溝通時較為不易

BDD(Behavior-driven development) 行為驅動開發，是一個讓參與者透過具體的實例以共同的語言進行討論，而討論出的結果就是一種自動測試的程式碼。下方就是一個以 BDD 型式呈現的規格書。

Feature：註冊

- 註冊會員的檢查：帳號 (至少 6 碼，第 1 碼為英文)
- 密碼 (至少 8 碼，第 1 碼為英文，並包含 1 碼數字)
- 若登入失敗應 Alert 提醒，登入成功則開啟至登入成功頁面。

Scenario：註冊成功

- Given 我開啟註冊頁面
- When 我在帳號輸入 a123456789
- And 我在密碼輸入 a222222222
- And 點擊註冊按鈕
- Then 我會看到註冊成功的畫面

這樣的呈現方式，比起程式碼，更能與非技術人員溝通。我們只要將這樣容易理解的需求規格轉換為程式碼，就可以讓測試案例更加完整。

6.1 Cucumber

Cucumber 就是一個可以把需求文件轉為測試程式碼的第三方套件。我們將使用第三章在 UI 測試所使用的註冊會員功能來示範用 BDD 的方式進行，請參見圖 6-1。

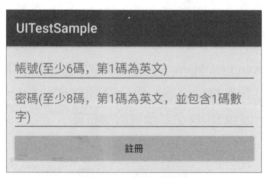

▲ 圖 6-1　註冊會員畫面

環境設定

首 先 IDE 要 可 以 認 得 Cucumber 語 法，在 圖 6-2 的 Preferences 安 裝
Plugin，安裝 Cucumber for Java。

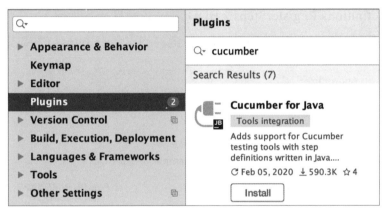

▲ 圖 6-2　安裝 Cucumber for Java

build.gralde 設定 Dependencies。

```
dependencies {
    androidTestImplementation 'io.cucumber:cucumber-android:4.4.0'
    androidTestImplementation 'io.cucumber:cucumber-picocontainer:4.4.0'
}
```

Build.gradle 加上 assets.srcDirs，表示 feature 檔案放在 assets 裡。

```
android {
    sourceSets {
        androidTest {
            assets.srcDirs = ['src/androidTest/assets']
        }
    }
}
```

目錄結構

在一個 BDD 的專案，你的目錄將會是如圖 6-3 的結構：

- Register.feature：以 BDD 撰寫的測試案例。
- stepdefinitions/RegisterSteps：BDD 測試案例實作的步驟。
- pages/RegisterPage：以 Page Object 撰寫的實作 (Espresso 測試)。

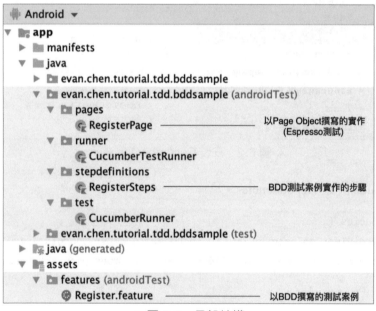

▲ 圖 6-3　目錄結構

新增一個類別：CucumberRunner，在這個類別將透過 @CucumberOptions 來設定所需目錄的位置。

- features：設定 Feature 的路徑。
- glue：設定 Step Definitions 的路徑。
- tags：設定執行 Feature 中哪些標籤。

```
@CucumberOptions(
    features = ["features"],
    glue = ["evan.chen.tutorial.tdd.bddsample.stepdefinitions"],
    tags = ["@register"]
)

class CucumberRunner {
}
```

Cucumber 撰寫規格書

BDD 的第一個步驟就是以 Cucumber 撰寫可執行的規格書。新增目錄 assets/feature 並在裡面新增檔案 Register.feature，這個檔案就是用來撰寫需求規格的地方。

在 feature 裡，我們用以下的關鍵字來描述需求情境，這裡的情境你可以用中文來撰寫，而這些關鍵字會對映到 StepDefinitions 裡的實作步驟。

- Feature：描述這個需求的功能及要符合的條件。
- Scenario：測試的情境名稱。
- Given：代表在什麼前提或條件下。
- When：當發生什麼事情的時候。
- And：在 Given、When 裡面，如果有多個情境，可使用 And 來連結。
- Then：驗證結果。

註冊功能的需求描述及測試情境

Feature：註冊

- 註冊會員的檢查：

- 帳號 (至少 6 碼，第 1 碼為英文)
- 密碼 (至少 8 碼，第 1 碼為英文，並包含 1 碼數字)
- 若登入失敗應 Alert 提醒，登入成功則開啟至登入成功頁面。

Scenario：註冊成功

- Given 我開啟註冊頁面
- When 我在帳號輸入 a123456789
- And 我在密碼輸入 a222222222
- And 點擊註冊按鈕
- Then 我會看到註冊成功的畫面

定義步驟 Step

在 Feature 撰寫測試案例後，可以轉為測試程式碼了。

在 androidTest/stepdefinitions 新增一個類別 RegisterSteps，請見圖 6-4。在裡面實作從 Feature 檔案裡定義的步驟。每一個 Given、When、And、Then 都會對映到這裡的方法。

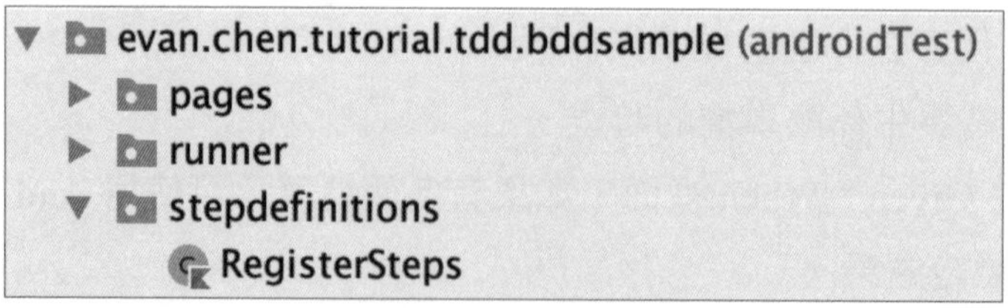

▲ 圖 6-4　RegisterSteps

```
class RegisterSteps {
    private val register = RegisterPage()
```

```
@Given(" 我開啟註冊頁面 ")
fun when_I_am_On_RegisterScreen() {
    register.launchScreen()
}

@When(" 我在帳號輸入 (\\\\S+)")
fun i_type_loginId(loginId: String) {
    register.typeLoginId(loginId)
}

@And(" 我在密碼輸入 (\\\\S+)")
fun i_type_password(password: String) {
    register.typePassword(password)
}

@And(" 點擊註冊按鈕 ")
fun i_tap_register() {
    register.tapRegisterButton()
}

@Then(" 我會看到註冊成功的畫面 ")
fun i_see_registerSuccess() {
    Espresso.onView(ViewMatchers.withText(" 註冊成功 "))
        .check(ViewAssertions.matches(ViewMatchers.isDisplayed()))
}
```

這樣就完成了如圖 6-5Featue 與 StepDefinitions 的對映。

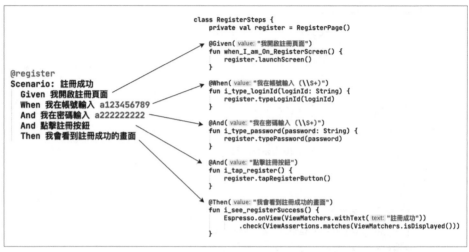

▲ 圖 6-5　Featue 與 StepDefinitions 的對映

實作測試

RegisterPage 這個類別就是 Espresso 真正去執行測試程式的地方，這裡的程式碼跟我們在 UI 測試使用 Espresso 的測試是一樣的。

```kotlin
class RegisterPage {
    var testRule: ActivityTestRule<MainActivity> =
    ActivityTestRule(MainActivity::class.java, false, false)

    // 開啟註冊頁面
    fun launchScreen() {
        testRule.launchActivity(null)
    }

    // 輸入帳號
    fun typeLoginId(loginId: String) {
        onView(withId(R.id.loginId)).perform(typeText(loginId),
ViewActions.closeSoftKeyboard())
```

```
    }

    // 輸入密碼
    fun typePassword(password: String) {
        onView(withId(R.id.password)).perform(typeText(password),
ViewActions.closeSoftKeyboard())
    }

    // 點註冊按鈕
    fun tapRegisterButton() {
        onView(withId(R.id.send)).perform(ViewActions.click())
    }
}
```

這種將一個頁面的行為封裝在一個類別的作法叫做 Page Object。所有跟這個頁面有關的操作都會寫在 RegisterPage 裡。Stepdefinitions 就不需要知道實作的細節，如果你在產品程式碼只是修改 UI 的細節，也只需要來修改 Page Object 裡的程式，而不需要修改 Feature 與 Stepdefinitions。

執行測試

由 Cucumber 來啟動測試需建立一個 CucumberTestRunner，繼承 CucumberAndroidJUnitRunner。

```
@RunWith(Cucumber::class)
class CucumberTestRunner : CucumberAndroidJUnitRunner()
```

在 build.gradle 把 testInstrumentationRunner 設定為 CucumberTestRunner。

```
android {
    defaultConfig {
```

```
        testInstrumentationRunner "evan.chen.tutorial.tdd.bddsample.
runner.CucumberTestRunner"
    }
}
```

如 圖 6-6， 點 選 Add Configuration， 新 增 Android Instrumented Tests，
Module 選擇 app，按下 OK。接著就可以 Run 開始測試。

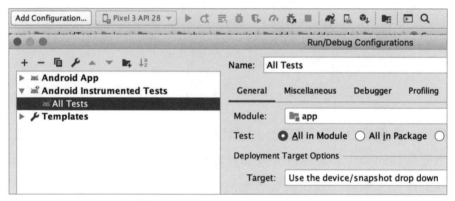

▲ 圖 6-6　Run/Debug Configurations

完成之後，就會看到如圖 6-7 出現了可點選測試。

▲ 圖 6-7　執行測試

執行測試就會看到如圖 6-8 測試成功。

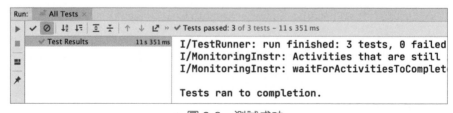

▲ 圖 6-8　測試成功

一次執行多筆測試案例

有時候同一個 Scenario，可能需要多個案例進行測試。搭配使用 Examples，就可以執行多筆測試案例。

案例 1：帳號不符合註冊會員的規則

案例 2：密碼不符合註冊會員的規則

```
@register
  Scenario Outline: RegisterFail
    Given 我開啟註冊頁面
    When 我在帳號輸入 <LoginId>
    And 我在密碼輸入 <Password>
    And 點擊註冊按鈕
    Then 我會看到註冊失敗的提醒

    Examples:
      | LoginId      | Password     |
      | a123456789   | 2222         |
      | aaa          | a123456789   |
```

執行後就會看到這兩個帳號依序執行測試。

範例下載

https://github.com/evanchen76/AndroidBddSample

參考網站

Cucumber

https://cucumber.io/

自動化測試工具

這一章將介紹使用 Appium 及 Cucumber 來進行 Android 自動化測試。Appium 是一套開源的自動測試工具，可以用來測試在 Android、iOS 的原生 App、混合式及 Web App，並且支援 Java、Python、Ruby、C#、PHP、JavaScript 等多種語言。

7.1 Appium 自動化工具

安裝 Appium 會架設一個 Web Server，透過公開的 REST API，你可以使用多種的 Client Libraries 去呼叫 Appium Web Server，Appium 再透過指令控制模擬器或實體裝置。請參見圖 7-1。

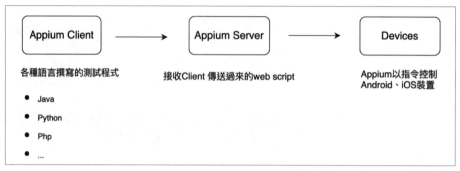

▲ 圖 7-1　Appium Web Server

Cucumber 是一個 BDD (Behavior-driven development) 工具，用來撰寫「可執行的需求文件」。在第六章我們就介紹過 Cucumber 在 Android Studio 與 Espresso 測試框架一起使用。而 Appium 也可以與 Cucumber 一起使用。

環境設定

■ 安裝 Appium

http://appium.io/ 下載安裝。

■ 安裝 JDK

查看目前 jdk 版本。在終端機輸入：

/usr/libexec/java_home

如有出現如下路徑，代表已安裝 Java。如果未安裝再前往 Java 官網下載安裝。

JDK/Library/Java/JavaVirtualMachines/jdk1.8.0_151.jdk/Contents/Home

■ Android SDK 設定

檢查是否已設定 ANDROID_HOME，在終端機輸入：

echo $ANDROID_HOME

如未設定,設定 ANDROID_HOME 的步驟如下:

1. 在 User 目錄下產生 .bash_profile

```
$ touch .bash_profile
```

2. 開啟 .bash_profile 輸入以下文字。其中 {UserName} 要替換掉你的 Mac
   上的 UserName。

```
export ANDROID_HOME=/Users/{UserName}/Library/Android/sdk
export PATH=$ANDROID_HOME/platform-tools:$PATH
export PATH=$ANDROID_HOME/tools:$PATH
```

設定好之後,開啟 Finder 在 User 目錄下應會看到如圖 7-2 的 .bash_profile
的檔案。

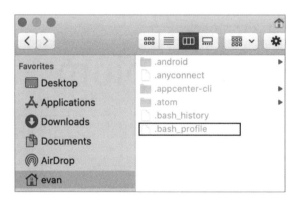

▲ 圖 7-2　bash_profile

3. 終端機輸入：

source ~/.bash_profile

4. 終端機輸入：

echo $ANDROID_HOME

如出現如下代表設定完成了。

/Users/{UserName}/Library/Android/sdk

啟動 Appium

Appium 安裝完之後就會看到如圖 7-3 的啟動畫面，點「Start Server」。

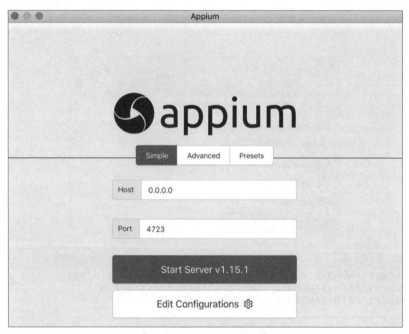

▲ 圖 7-3　Appium 啟動畫面

執行後，會顯示如圖 7-4 資訊代表 Appium Server 已開啟。

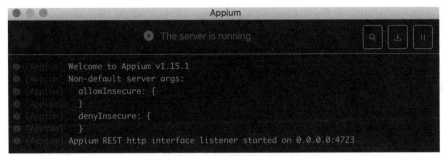

▲ 圖 7-4　Appium 啟動畫面

使用 Appium 查看 Android 元素

測試 App 時，你可能只有一個 APK 檔案，而沒有原始碼。這時就可以直
接使用 Appium 來看 Android APK 裡的元件屬性，這些屬性會是我們在寫
自動化程式碼時用來操作 UI 元件的依據。點選上圖右上的搜尋按鈕。在
Desired Capabilites 設定要開啟的 APK。請參見圖 7-5。

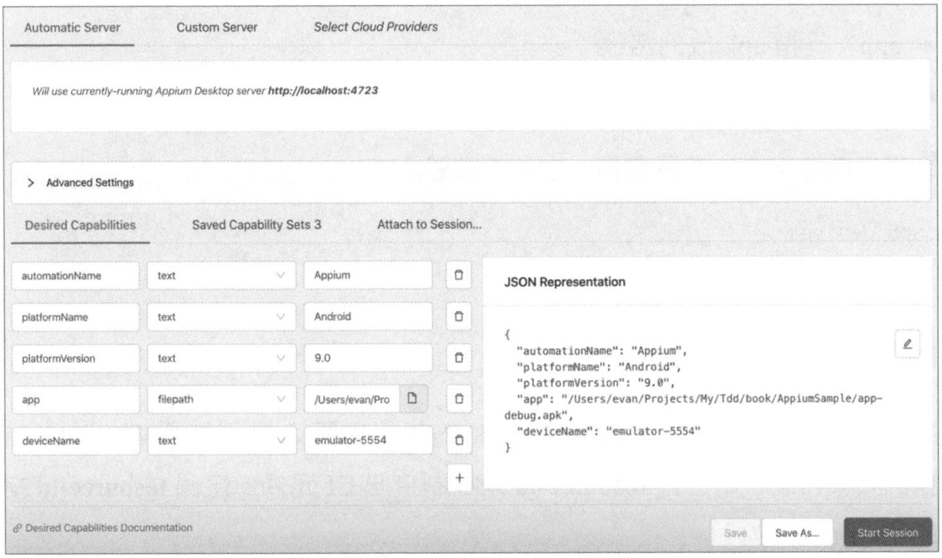

▲ 圖 7-5　Desired Capabilities

Desired Capabilities 是以 Json 的 key-value 的方式來告訴 Appium server 要操作哪些對象。

Android Desired Capabilities

以這個 Json 為範例：

```json
{
  "automationName": "Appium",
  "platformName": "Android",
  "platformVersion": "9.0",
  "deviceName": "{Device_Name}",
  "app": "{APK-Path}"
}
```

- automationName：輸入 Appium
- platformName：指平台，輸入 Android
- platformVersion：作業系統版本
- app：是指 apk 放的路徑
- deviceName：裝置名稱

取得目前連線中的裝置名稱，在終端機輸入：

```
adb devices
```

開始查看 UI 結構

點選「Start Session」，將會讀取 APK 的執行畫面來顯示如圖 7-6 的 UI 結構。如果可以，請透過 resource-id 來控制這些 UI 元件。這個 resource-id 指的就是 layout 的 id。

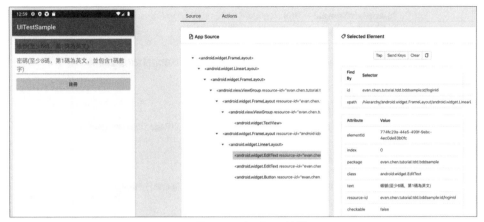

▲ 圖 7-6　查看 UI 結構

查看過 UI 結構，接下來我們就可以開始寫測試。

開始撰寫自動測試

我們用註冊會員的範例作為被測試的 App。

1. 帳號需要至少 6 碼且第 1 碼為英文。
2. 密碼為至少 8 碼，第 1 碼為英文。
3. 按下「註冊」按鈕時，顯示「註冊成功」，其他則 Alert「註冊失敗」。

這個測試不需要用到 Android Studio，我們使用 IntelliJ 做為開發工具，語言則使用 Java。開始之前，我們先看一下完成後的目錄結構將如圖 7-7。

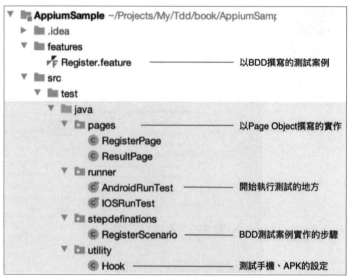

▲ 圖 7-7　目錄結構

Features

在 Register.feature 裡，描述的是測試的情境。

```
@register
Scenario: 註冊成功
  Given 我開啟註冊頁面
  When 我在帳號輸入 a123456789
  And 我在密碼輸入 a222222222
  And 點擊註冊按鈕
  Then 我會看到註冊成功的畫面
```

Stepdefinations

stepdefinations 是實作測試情境的細節。

```
public class RegisterScenario {

```

```java
private RegisterPage registerPage;
private ResultPage resultPage;

public RegisterScenario() {
    this.registerPage = new RegisterPage(Hook.getDriver());
    this.resultPage = new ResultPage(Hook.getDriver());
}

@Given("^ 我開啟註冊頁面 ")
public void i_open_the_application() throws Throwable {

}
@When(" 我在帳號輸入 (\\S+)")
public void i_type_on_loginId(String loginId) throws Throwable {
    this.registerPage.loginId.sendKeys(loginId);
}

@And(" 我在密碼輸入 (\\S+)")
public void i_type_on_password(String password) throws Throwable {
    this.registerPage.loginPassword.sendKeys(password);
}

@And("^ 點擊註冊按鈕 ")
public void i_tap_login() throws Throwable {
    this.registerPage.send.click();
}

@Then("^ 我會看到註冊成功的畫面 ")
public void i_validate_result() throws Throwable {
    Assert.assertEquals(" 註冊成功 ", this.resultPage.result.getText());
}
```

```
@Then("^ 我會看到註冊失敗的提醒 ")
public void i_saw_fail() throws Throwable {
    String title = Hook.getDriver().findElement(By.id("android:id/
message")).getText();
    Assert.assertEquals(" 帳號至少要 6 碼，第 1 碼為英文 ", title);
}
}
```

完成後就把 Feature 與 Stepdefination 對映起來了。請參見圖 7-8。

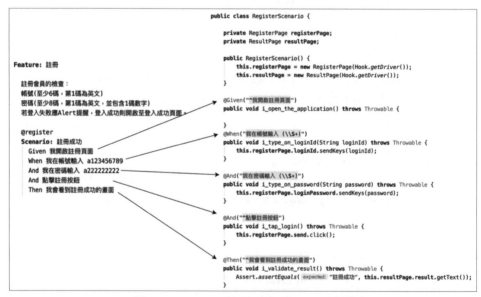

▲ 圖 7-8　Feature 與 Stepdefinations 的對映

這樣一來，我們就可以將複雜的程式碼，轉為較容易理解的文件。而這份
文件即為可執行的文件。

Pages

使用 Page object 將互動的一個頁面視作一個 Object 來處理。以註冊會員這個範例，共有 2 個頁面：MainActivity 註冊頁及 ResultActivity 註冊成功頁。

建 立 一 個 RegisterPage 的 Class， 將 登 入 頁 會 用 到 的 UI 都 放 在 這 個 RegisterPage 裡。

```java
public class RegisterPage {

    public RegisterPage(AppiumDriver driver) {
        PageFactory.initElements(new AppiumFieldDecorator(driver), this);
    }


    @iOSXCUITFindBy(accessibility = "loginId")
    @AndroidFindBy(id = "loginId")
    public MobileElement loginId;


    @iOSXCUITFindBy(accessibility = "password")
    @AndroidFindBy(id = "password")
    public MobileElement loginPassword;


    @iOSXCUITFindBy(accessibility = "send")
    @AndroidFindBy(id = "send")
    public MobileElement send;
}
```

如圖 7-9，Page 與 Android Layout 的 id 是對映的。這裡的 @AndroidFindBy(id) 即為 android 裡的 id。如果需要測試 iOS 的話，也可加上 @iOSFindBy，這樣你就可以讓 Android 與 iOS 同一個畫面使用同一個 Page Object。

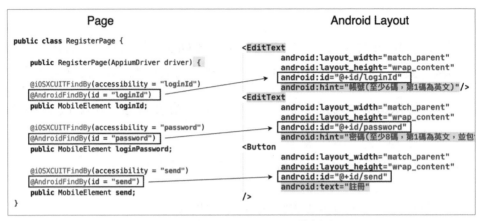

▲ 圖 7-9　Page 與 Layout 的對映

在 Hook 設定手機資訊

```
@Before()
public void setUpAppium() throws MalformedURLException
{
    if ( Hook.platform == TestPlatform.Android) {
        //Android
        DesiredCapabilities cap = new DesiredCapabilities();
        cap.setCapability(MobileCapabilityType.AUTOMATION_NAME, "Appium");
        // 平台
        cap.setCapability(MobileCapabilityType.PLATFORM_NAME, "Android");
        // 作業系統版本
        cap.setCapability(MobileCapabilityType.PLATFORM_VERSION, "9.0");
        // 手機 DeviceId
        cap.setCapability(MobileCapabilityType.DEVICE_NAME, "emulator-5554");
        // 要測試的 APK 路徑
        cap.setCapability(MobileCapabilityType.APP, "/Users/evan/Projects/
My/Tdd/book/AppiumSample/app-debug.apk");
```

```
    //AppiumDriver 位址
    driver = new AndroidDriver(new URL("http://0.0.0.0:4723/wd/hub"), cap);
    driver.manage().timeouts().implicitlyWait(30, TimeUnit.SECONDS);
  }else{
    //iOS 模擬器
    DesiredCapabilities cap = new DesiredCapabilities();
    cap.setCapability(MobileCapabilityType.AUTOMATION_NAME, "XCUITest");
    cap.setCapability(MobileCapabilityType.PLATFORM_NAME, "iOS");
    cap.setCapability(MobileCapabilityType.PLATFORM_VERSION, "11.1");
    cap.setCapability(MobileCapabilityType.DEVICE_NAME, "iPhone 8");
    cap.setCapability(MobileCapabilityType.APP, "app.ipa");
    driver = new IOSDriver<>(new URL("http://0.0.0.0:4723/wd/hub"), cap);
    driver.manage().timeouts().implicitlyWait(30, TimeUnit.SECONDS);
}
}
```

以下幾個欄位，需要依你的測試裝置調整。

作業系統版本

```
cap.setCapability(MobileCapabilityType.PLATFORM_VERSION, "9.0" );
```

手機 DeviceId

```
cap.setCapability(MobileCapabilityType.DEVICE_NAME, "xxx" );
```

要測試的 APK 路徑。

```
cap.setCapability(MobileCapabilityType.APP, "/Users/Evan/app-debug.apk" );
```

runner 執行測試

測試案例都撰寫好了，接著我們可以開始測試了。在圖 7-10 點選綠色三角形，即可開始測試。

```
    public class AndroidRunTest {
    ▶  Run 'AndroidRunTest'                  ^⇧R  GCucumberRunner;
    ☀  Debug 'AndroidRunTest'               ^⇧D
    ▷  Run 'AndroidRunTest' with Coverage
        public void setupClass() throws Exception {
            testNGCucumberRunner = new TestNGCucumberRunner(this.getClass());
            Hook.setPlatform(Hook.TestPlatform.Android);
        }
```

▲ 圖 7-10　執行測試

圖 7-11 可看到測試成功。

```
Run:    AndroidRunTest ×
                                            ✓ Tests passed: 1 of 1 test – 26s 436ms
▼ ✓ Default Suite                26s 436ms      @register
  ▼ ✓ AppiumSample               26s 436ms      Scenario: 註冊成功              # Register.feature:9
    ▼ ✓ AndroidRunTest           26s 436ms        Given 我開啟註冊頁面            # RegisterScenario.i_open_the_application()
        ✓ feature[註冊]          25s 811ms        When 我在帳號輸入 a123456789   # RegisterScenario.i_type_on_loginId(String)
                                                  And 我在密碼輸入 a222222222    # RegisterScenario.i_type_on_password(String)
                                                  And 點擊註冊按鈕               # RegisterScenario.i_tap_login()
                                                  Then 我會看到註冊成功的畫面      # RegisterScenario.i_validate_result()

                                                1 Scenarios (1 passed)
                                                5 Steps (5 passed)
                                                0m25.773s
```

▲ 圖 7-11　測試結果

測試多個案例

回到 Register.Feature，再加入一個驗證註冊失敗的案例。這裡我們要用到 Cucumber 可以傳入多個案例的作法。

```
@register
Scenario Outline：註冊失敗
```

```
Given  我開啟註冊頁面
When  我在帳號輸入 <LoginId>
And  我在密碼輸入 <Password>
And  點擊註冊按鈕
Then  我會看到註冊失敗的提醒
```

```
Examples：
  | LoginId  | Password |
  | a1234    | 222222   |
  | 1aabbcc  | bbb      |
```

執行測試後，如圖 7-12 就可以看到執行了兩組測試案例。

▲ 圖 7-12　測試成功

設定 Tag

你可以在 CucumberOptions 裡設定 tag。被標註的 Tag 將執行在 feature 裡標註一樣 tag 名稱的測試。

```
AndroidRunTest.java
@CucumberOptions(features={"features"}
            , glue={"stepdefinations","utility"}
```

```
                     , plugin = {"pretty", "html:target/cucumber"}
                     , tags ={"@register"}
             )
```

```
Register.feature
@register
Scenario: 註冊成功
    Given 我開啟註冊頁面
    When 我在帳號輸入 a123456789
    And 我在密碼輸入 a222222222
    And 點擊註冊按鈕
    Then 我會看到註冊成功的畫面
```

測試 Report

如果測試失敗，你可以從圖 7-13 結果看出錯在哪裡。

```
⊗ Tests failed: 1 of 1 test – 1m 36s 835ms
  @register
  Scenario: 註冊成功                # Register.feature:9
    Given 我開啟註冊頁面             # RegisterScenario.i_open_the_application()
    When 我在帳號輸入 a1234         # RegisterScenario.i_type_on_loginId(String)
    And 我在密碼輸入 a222222222     # RegisterScenario.i_type_on_password(String)
    And 點擊註冊按鈕                # RegisterScenario.i_tap_login()
    Then 我會看到註冊成功的畫面        # RegisterScenario.i_validate_result()
      org.openqa.selenium.NoSuchElementException: Can't locate an element by this strategy: By.chained({By.id: result})
        at io.appium.java_client.pagefactory.AppiumElementLocator.findElement(AppiumElementLocator.java:126)
        at io.appium.java_client.pagefactory.interceptors.InterceptorOfASingleElement.intercept(InterceptorOfASingleEle
        at io.appium.java_client.android.AndroidElement$$EnhancerByCGLIB$$b598166c.getText(<generated>)
        at stepdefinations.RegisterScenario.i_validate_result(RegisterScenario.java:45)
        at *.Then 我會看到註冊成功的畫面(Register.feature:14)
```

▲ 圖 7-13　測試

或是在目錄下的 target/cucumber/index.html ，可以看到如圖 7-11 的測試報告。

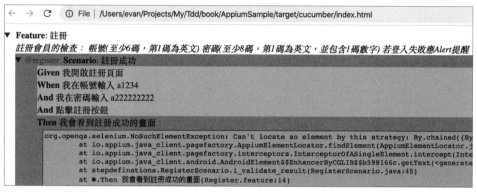

▲ 圖 7-14　測試報告

範例下載

https://github.com/evanchen76/AppiumSample

參考網站

Cucumber

https://cucumber.io/

Appium

https://appium.io/

Android 的 DevOps

你可能有注意到手機裡的 App 更新頻率越來越快,每隔幾天就會更新一次。之所以這麼頻繁的原因是開發人員希望 App 是小量且頻繁的更新。每次發佈與上一版本的差異越小就越可被控制,小量頻繁的更新可以有效的降低風險。

另一個可以快速發佈的原因就是 DevOps 的導入。在程式碼簽入儲存庫而無法編譯或執行測試失敗時,開發人員會收到通知並立即修正。你也可以在合併程式碼到儲存庫時就讓測試人員收到最新版本的 APK,測試完成後自動發佈到 Google Play。

8.1 什麼是 DevOps

DevOps 是一種透過自動化的方式提升團隊快速交付應用程式的能力。我們總是希望更快速的回應使用者的回饋及市場變化，而提升版本發佈的頻率和速度就是我們的目標，其中的關鍵在於持續整合與持續交付。

持續整合 (Continuous integration)

持續整合是一項 DevOps 軟體開發實務。開發人員將程式碼簽入到程式碼儲存庫，當有異動時，持續整合伺服器就將程式碼下載並自動建置及測試。如果寫了測試但沒有執行就失去了寫測試的意義，而最有效與即時的方式就是簽入時就自動執行測試並在有錯誤時通知開發人員。

持續交付 (Continuous Delivery)

持續交付把完成的程式碼自動部署到線上環境，也就是發佈到 Google Play。傳統的發佈 App 方式有許多的人工作業，這些人工作業都可能造成部署錯誤。自動部署包含簽署 APK 、發佈測試 APK 及發佈正式版本到 Google Play。

監控 (Monitoring)

對於使用者在使用 App 時所遇到的問題，我們必須透過工具監控並即時通知團隊，避免問題持續擴大。

監控的項目包含：

- 當機及 ANR (Application Not Responding) 偵測
- 使用者行為分析
- Google Play 有新的評論

這些監控的項目，都可以透過工具即時發現並通知團隊，避免問題持續擴大。

圖 8-1 是在 Android 的 CI 與 CD 流程，本章將介紹使用 Jenkins 流程自動化。

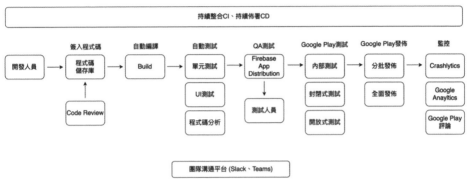

▲ 圖 8-1　Android 的 CI/CD

8.2 Jenkins

Jenkins 是一個功能強大的持續整合工具，有豐富的外掛可以供開發人員使用，可以將建置專案、測試、分析及部署等工作自動化，讓 App 工程師可以專注在開發及撰寫單元測試。

安裝 Homebrew

Jenkins 需要透過 Homebrew 來安裝。Homebrew 是一個可以方便在 Mac 上管理套件的工具。

在「終端機」上輸入指令，安裝 HomeBrew。

```
/usr/bin/ruby -e "$(curl -fsSL
<https://raw.githubusercontent.com/Homebrew/install/master/install>)"
```

安裝 Jenkins
. . . .

在終端機輸入：

```
brew install jenkins
```

安裝完成後，輸入啟動 Jenkins 的指令：

```
brew services start jenkins
```

啟動完成後，在瀏覽器輸入網址 http://127.0.0.1:8080/ 就可以開啟 Jenkins。
在第一次啟用時需要輸入管理員密碼。在這個目錄下 /Users/{UserName}/.
jenkins/secrets/initialAdminPassword 可以找到預設的管理員密碼。回到
Unlock Jenkins 的網頁上輸入 Administrator password。

因為 .jenkins 是一個隱藏的資料夾，如果在目錄下看不到的話，請先開啟
Finder，按下 Shift + command + >，即可顯示隱藏檔。

Jenkins 啟動之後，在圖 8-2 處，勾選要安裝的功能後點選 Install。

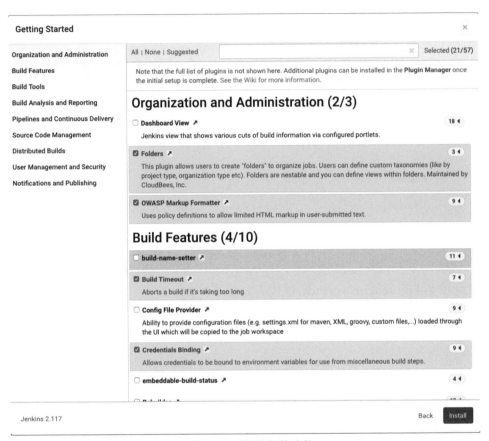

▲ 圖 8-2　選擇安裝功能

安裝完成後，在圖 8-3 處，輸入 First Admin User 資料。

▲ 圖 8-3　登入畫面

看到圖 8-4 的 Jenkins is ready 就代表完成了。

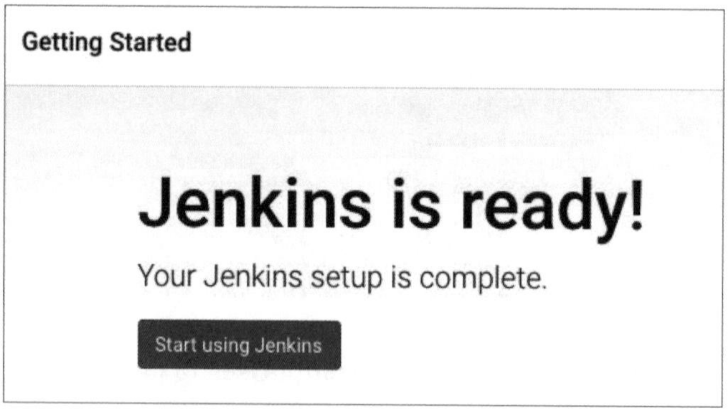

▲ 圖 8-4　Jenkins is ready!

環境設定

Jenkins 啟動後，可以看到如圖 8-5 畫面，Jenkins 將會依照你的瀏覽器語言作為預設語言，Jenkins 的中文翻譯還不是很完整，我們把它調整為英文。

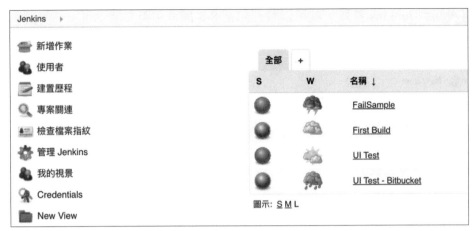

▲ 圖 8-5　Jenkins 首頁

點選管理 Jenkins，點選管理外掛程式，安裝 Locale。請參見圖 8-6。

▲ 圖 8-6　外掛 Locate

回到管理 Jenkins 裡，點選設定系統，在圖 8-7 的預設語言輸入 en_US，勾選下方的 Igone browser preference and force this language to all users。設定完成後，Jenkins 就會成功調整為英文了。

Locale	
預設語言	en_US
	☑ Ignore browser preference and force this language to all users

▲ 圖 8-7　設定預設語言

再次回到 Jenkins 首頁，就可以看到如圖 8-8 都是用英文顯示了。

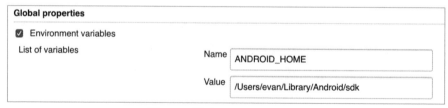

Jenkins ▶

- New Item
- People
- Build History
- Project Relationship
- Check File Fingerprint
- Manage Jenkins
- My Views
- Credentials

All	+			
S	W	Name ↓		Last Success
●	⛈	FailSample		21 days - #1
●	☁	First Build		17 days - #27
●	⛅	UI Test		21 days - #2
●	⛈	UI Test - Bitbucket		20 days - #6

▲ 圖 8-8　英文版 Jenkins

設定 Android Home

在 Jenkins 首頁，點選 Manage Jenkins，點選 Configure System。在 Global properties 裡設定 Android_Home，請參見圖 8-9。如果你已經安裝 Android Studio，Android SDK 會被安裝在：/Users/{UserName}/Library/Android/sdk。

Global properties

☑ Environment variables
List of variables

Name `ANDROID_HOME`

Value `/Users/evan/Library/Android/sdk`

▲ 圖 8-9　設定 ANDROID_HOME

管理外掛程式

Jenkins 可以透過安裝不同的外掛來強化功能。

安裝 Gradle Plugin，請參見圖 8-10。Gradle 可以用在 Android 專案的編譯、測試及檢查程式碼。安裝 Gradle Plugin 就可以在 Jenkins 執行 Gradle 指令。

▲ 圖 8-10　安裝外掛 Gradle Plugin

安裝 Git Plugin，如圖 8-11。

▲ 圖 8-11　Git plugin

安裝完之後，需要再設定 git 路徑。在 Manage Jenkins -> Global Tool Configuration 設定 Git 的路徑。請參見圖 8-12。你可以在終端機輸入 $ which git，查詢 git 在本機的安裝路徑。

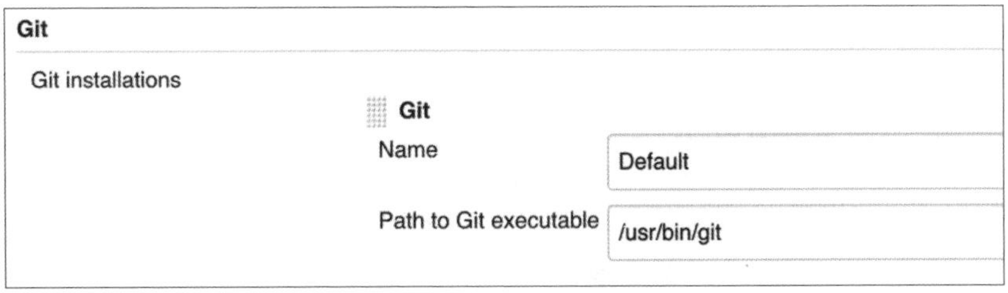

Git

Git installations

　　　　　　　　　　　　　　Git

　　　　　　　　　　　　　　Name

　　　　　　　　　　　　　　　　　　Default

　　　　　　　　　　　　　　Path to Git executable

　　　　　　　　　　　　　　　　　　/usr/bin/git

▲ 圖 8-12　Git 路徑設定

8.3 自動建置 Android 專案

當開發人員將程式碼合併到儲存庫時，我們希望 Jenkins 能自動從 Git Server 下載程式碼並建置。這個建置是非常基本且重要的，當有程式碼提交而無法編譯成功時，你可以馬上發現錯誤。越早發現，就越早修正。

在圖 8-13，Jenkins 首頁的左邊功能列，點選 New Item(新增作業)。

▲ 圖 8-13　Jenkins New Item 新增作業

在圖 8-14，輸入 Item Name，也就是作業名稱，點選 Freestyle project 後，再點選下方的「OK」。

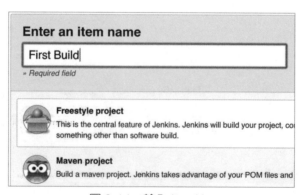

▲ 圖 8-14　輸入 ItemName

Source Code Management

接 著 在 圖 8-15，Source Code Management 的 Repository Url 填 入 Git
Repository 網址。如果你的 Repository 不是公開的，則需要在 Credentials
新增帳號及密碼資訊。接著在 Branch Specifier 輸入要 Pull 的分支。

▲ 圖 8-15　Source Code Management

Builder Trigger (建置觸發程序)

設定完程式碼儲存庫的路徑後，接著從 Builder Trigger 去設定執行的時
機，勾選 Poll SCM。我們先指定每 10 分鐘執行一次。請參見圖 8-16。

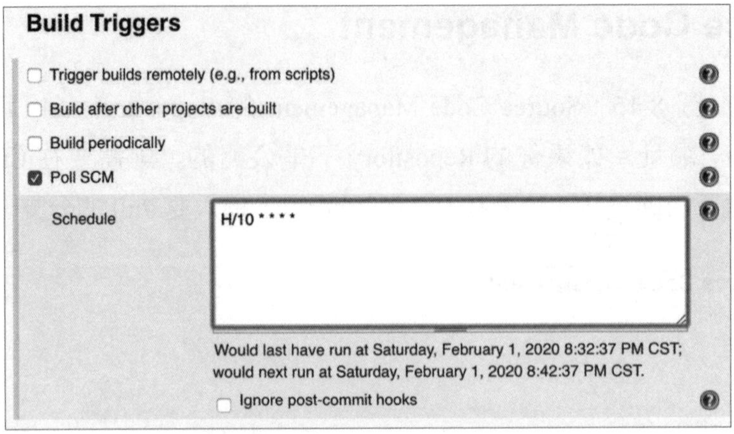

▲ 圖 8-16　Build Trigger

Schedule 裡的 5 個數字依序為：

- 分：一小時中的第幾分鐘。
- 時：一天中的第幾小時。
- 日：一個月的第幾天。
- 月：一年中的第幾月。
- 星期：星期幾，0、7 都代表星期日。

* 代表適用所有數字

例：每天晚上 8 點建置

```
0 20 * * *
```

例：每 30 分建置一次

```
H/30 * * * *
```

例：週一到週五，每天的 9:00~18:00，每隔兩小時建置一次

```
0 9-18/2 * * 1-5
```

建置專案

接著設定建置專案,在圖 8-17 的 Build 裡點選 Add build step ,接著選擇 Invoke Gradle script,這表示著我們將使用 Gradle 指令來建置專案。

▲ 圖 8-17 Invoke Gradle script

選擇 Use Gradle wrapper,在圖 8-18 的 Tasks 輸入指令 build,這裡的 build 指令就如同你在 Android Studio 上執行 build Project 是一樣的。

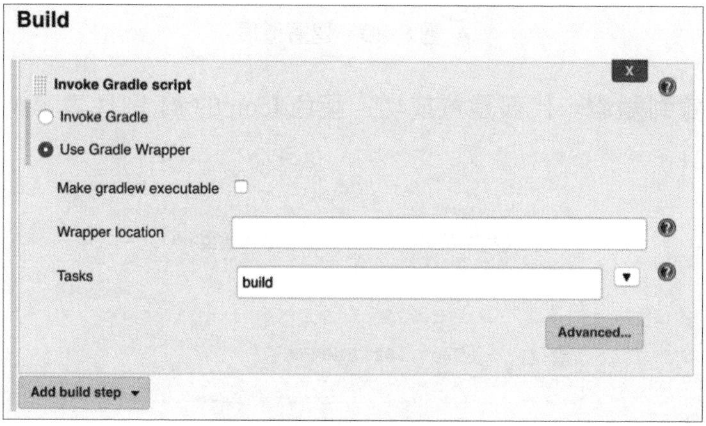

▲ 圖 8-18 設定 build

儲存後，回到圖 8-19，Jenkins 專案內容頁。點選 Build Now，就會馬上開始建置了。

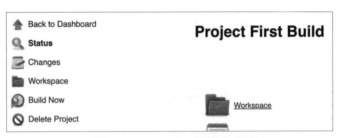

▲ 圖 8-19　Jenkins 專案內容頁

執行之後，在 Build History 可以看到如圖 8-20 正在建置中。第一次建置通常會花比較多時間，因為還要從程式碼儲存庫下載程式碼。

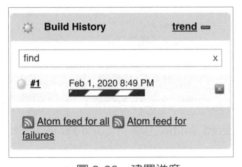

▲ 圖 8-20　建置進度

執行完後看到藍燈，代表建置成功。藍色 Icon 的 #1 則代表第 1 次建置。請見圖 8-21。

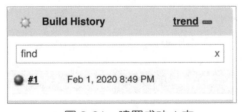

▲ 圖 8-21　建置成功 1 次

點進去可看到如圖 8-22 的詳細建置過程及結果 Console Output。

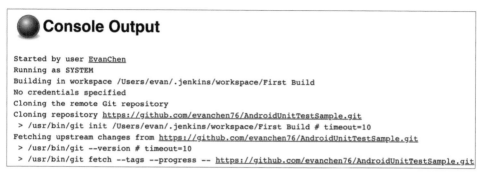

Console Output
Started by user EvanChen
Running as SYSTEM
Building in workspace /Users/evan/.jenkins/workspace/First Build
No credentials specified
Cloning the remote Git repository
Cloning repository https://github.com/evanchen76/AndroidUnitTestSample.git
> /usr/bin/git init /Users/evan/.jenkins/workspace/First Build # timeout=10
Fetching upstream changes from https://github.com/evanchen76/AndroidUnitTestSample.git
> /usr/bin/git --version # timeout=10
> /usr/bin/git fetch --tags --progress -- https://github.com/evanchen76/AndroidUnitTestSample.git

▲ 圖 8-22　Console Output

回到首頁如圖 8-23，你可以在任務的列表，看到剛剛建立的 First Build。同樣會顯示上一次的建置結果為藍燈。

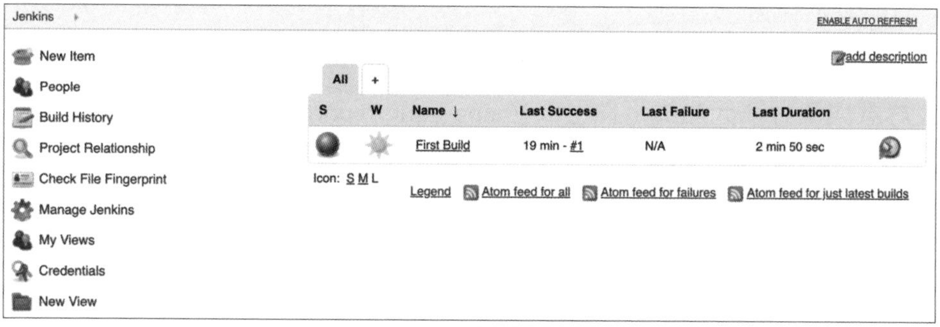
Jenkins
ENABLE AUTO REFRESH
New Item
People
Build History
Project Relationship
Check File Fingerprint
Manage Jenkins
My Views
Credentials
New View
add description
All
+
S
W
Name ↓
Last Success
Last Failure
Last Duration
First Build
19 min - #1
N/A
2 min 50 sec
Icon: S M L
Legend
Atom feed for all
Atom feed for failures
Atom feed for just latest builds

▲ 圖 8-23　Jenkins 首頁的建置列表

如圖 8-24，S 指的是 Status，W 指的是 Weather。當 S 呈現紅色表示建置失敗，而 W 表示近期建置的狀況。

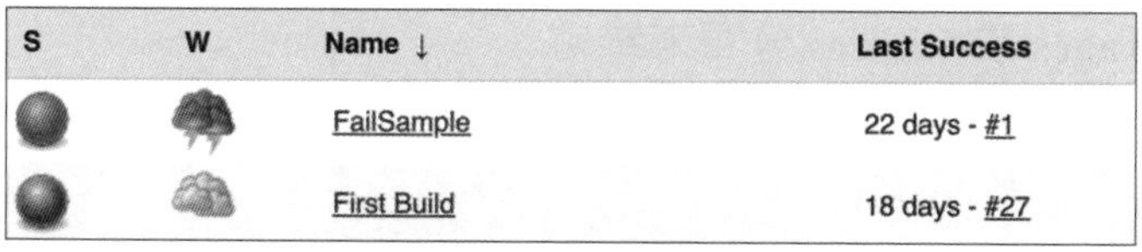
S
W
Name ↓
Last Success
FailSample
22 days - #1
First Build
18 days - #27

▲ 圖 8-24　Jenkins 近期建置

當有失敗的時候，也不要害怕，建置失敗是一件很平常的事情。而這也正是我們的目的：即早發現錯誤，並修正。如果有失敗，應儘速將失敗的建置修正，再開始新的任務。而如果無法快速修復，應儘快將它恢復到前一個可用的版本。

最後建置的專案被下載在 /Users/{Use}/.jenkins/workspace/{ProjectName}，你可以在這裡找到被下載的程式碼。

8.4 透過 Jenkins 執行測試

Jenkins 執行單元測試

Jenkins 也能用來自動執行單元測試。在上一節的建置指令 build，就包含建置專案與執行單元測試。你可以在 app/build/reports/tests/testDebugUnitTest/index.html 這個路徑找到單元測試的結果。請見圖 8-25。

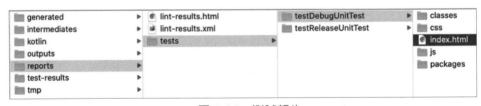

▲ 圖 8-25　測試報告

從圖 8-26 的測試報告呈現了成功及失敗的數量、測試成功的百分比。你可以依照 Packages 或 Classes 分類來看。

Test Summary
2
tests
0
failures
0
ignored
0.017s
duration
100%
successful
Packages
Classes
Package
Tests
Failures
evan.chen.tutorial.tdd.androidunittestsample
2
0

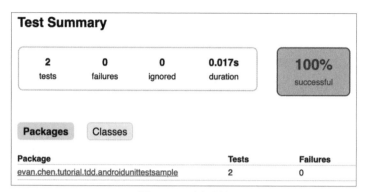

▲ 圖 8-26　測試結果

點進去 Package 的 Classes 裡，可以再看到如圖 8-27 每一個測試案例的結果及執行時間。

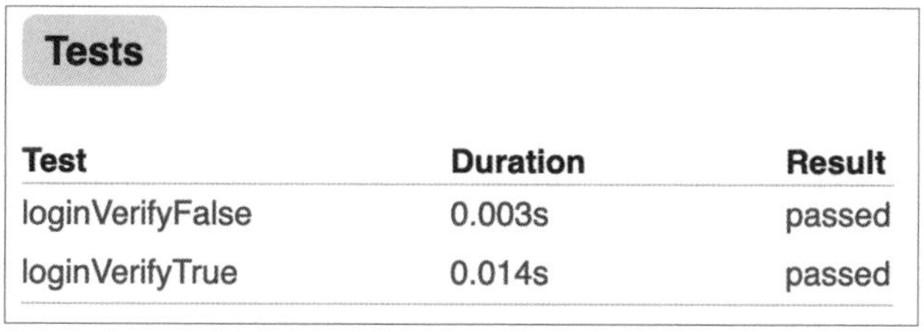

Tests
Test
Duration
Result
loginVerifyFalse
0.003s
passed
loginVerifyTrue
0.014s
passed

▲ 圖 8-27　建置結果明細

如果失敗的話，也能看到哪些測試案例是失敗的。請參見圖 8-28。

Test Summary
2
tests
1
failures
0
ignored
0.006s
duration
50%
successful
Failed tests
Packages
Classes
RegisterVerifyTest. loginVerifyTrue

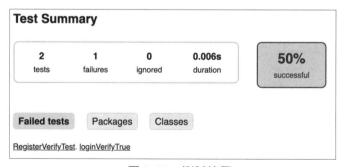

▲ 圖 8-28　測試總覽

Jenkins 執行 UI 測試

UI 測試會因為不同的裝置及作業系統而影響測試結果。這一節的重點是在多個裝置或模擬器上執行 UI 測試。UI 測試執行起來較耗時，所以一般會在晚上去執行，隔天早上就可以看到測試的報告。

在 Jenkins 新增一個 Item。我們使用在第三章所提到 UI 測試的範例。在圖 8-29 的 Repository URL 輸入：https://github.com/evanchen76/uitestsample.git。

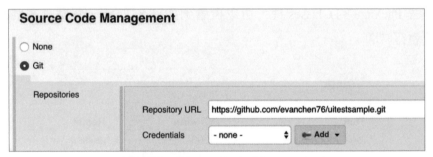

▲ 圖 8-29　Source Code Management

使用 Gradle 的指令執行 UI 測試，在圖 8-30 的 Tasks 上輸入 connectedAndroidTest。

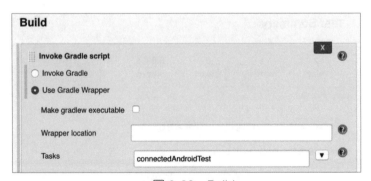

▲ 圖 8-30　Build

在開始執行之前，你需要把模擬器或實體裝置先連結好。開始執行後，所有連結中的裝置及模擬器都會開始執行 UI 測試。

測試報告

測試報告會產生在 app/build/reports/androidTests/connected/index.html。

在圖 8-31 這個測試報告可以看到每一個裝置的測試結果。下圖的這個例子在 2 個裝置上執行測試，分別是 Pixel3 - 10 的裝置及 Pixel_3_API_28 的模擬器。在 Pixel3 - 10 有一個測試是失敗的，測試成功率是 75%。

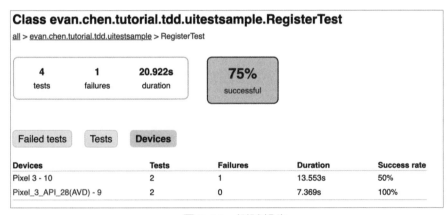

▲ 圖 8-31　測試報告

8.5 建置結果的即時通知

當建置或測試失敗時，我們總是希望能馬上知道，儘快的修正。如果要開啟 Jenkins 才能知道結果就太不即時了。最好的方式是當建置有誤時，透過電子郵件或即時通訊軟體，讓 Jenkins 在建置失敗後通知相關人員。

Email 通知

Jenkins 支援用 SMTP 的方式發送 Maill。如果你有 SMTP Server 可以直接使用，這裡我們使用 Gamil 來當作範例。

如圖 8-32 在首頁的 Manage Jenkins，點選 Configure Global Security。

▲ 圖 8-32　Manage Jenkins

找到圖 8-33 的 E-mail Notification，設定 SMTP server 相關資訊及寄送 Mail 的資料。

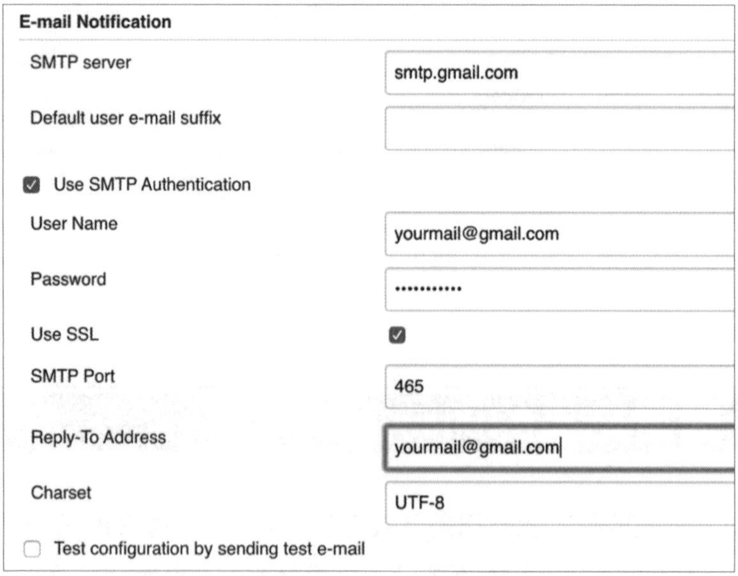

E-mail Notification	
SMTP server	smtp.gmail.com
Default user e-mail suffix	
☑ Use SMTP Authentication	
User Name	yourmail@gmail.com
Password	••••••••••
Use SSL	☑
SMTP Port	465
Reply-To Address	yourmail@gmail.com|
Charset	UTF-8
☐ Test configuration by sending test e-mail	

▲ 圖 8-33　E-mail Notification

在圖 8-34 的 Post-build Actions 用來設定建置之後要做的事情。選擇 E-mail Notification，輸入要接收通知的 Email。

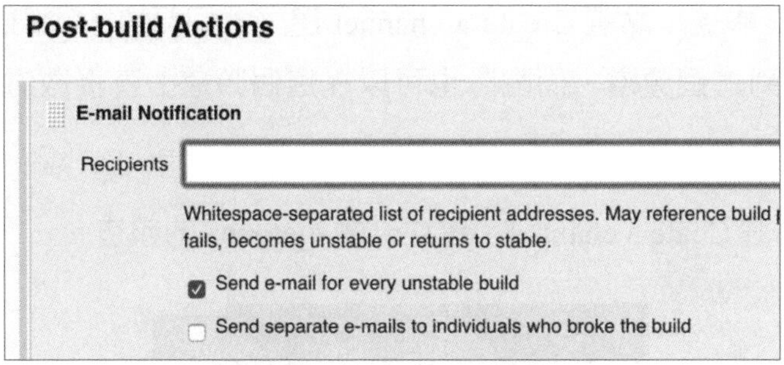

▲ 圖 8-34　Post-build Actions

當建置失敗時，就會收到一封由 Jenkins 發送的 Email。點開 Email 即可看到建置的結果。請參見圖 8-35。

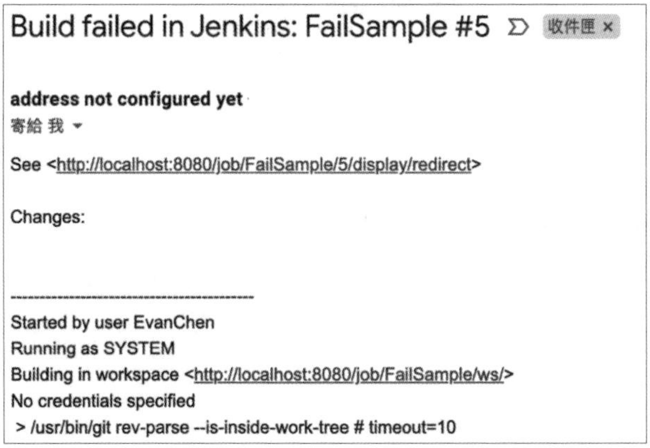

▲ 圖 8-35　Jenkins 通知的 Mail

Slack 通知

Slack 是一個團隊溝通平台，與私人通訊軟體如 Line 或 Skype 等的差異在於，Slack 可以讓你串接不同的應用程式，你可以讓 Jenkins 在建置失敗時通知 Slack，或者在程式碼儲存庫有 Pull Request 時透過 Slack 通知，比起透過 Email 通知更有效率。

建立完 Slack 帳號，點選 Create a channel 建立一個頻道，我們要讓 Jenkins 的通知傳送到這個頻道，而團隊也可以在這個頻道上直接做討論及回覆處理狀況。

在圖 8-36 點選 Ceate a channel，建立一個 #jenkins 的頻道。

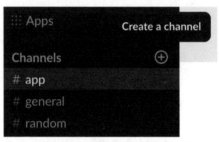

▲ 圖 8-36　在 Slack 建立頻道

接著在圖 8-37 輸入頻道名稱。

▲ 圖 8-37　Create a channel

如圖 8-38，在頻道裡，點選 Add an app。

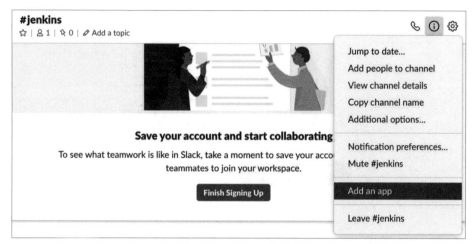

▲ 圖 8-38　Slack 新增 app

如圖 8-39，在搜尋欄位輸入 jenkins，找到 Jenkins CI 後點選 Install。

▲ 圖 8-39　安裝 Jenkins CI

點選圖 8-40 的 Add to Slack。

< Browse Apps
Jenkins CI
App Info
Settings
Jenkins CI is a customizable
to meet your needs.
This integration will post bu
Add to Slack

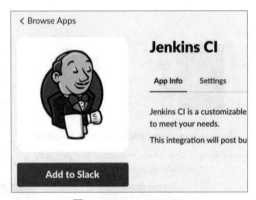

▲ 圖 8-40　Add to Slack

開啟 Slack 上的 Jenkins 設定，在圖 8-41 點選 Add Jenkins CI integration。

Post to Channel
Start by choosing a channel where
Jenkins notifications will be posted.
jenkins
Add Jenkins CI integration

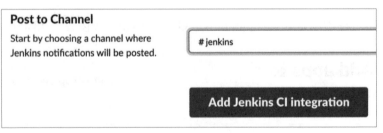

▲ 圖 8-41　Add Jenkins CI integrtion

圖 8-42 是這個步驟產生的 Team Subdomain 與 Integration Token Credential ID，這兩個參數需要放到 Jenkins 上。

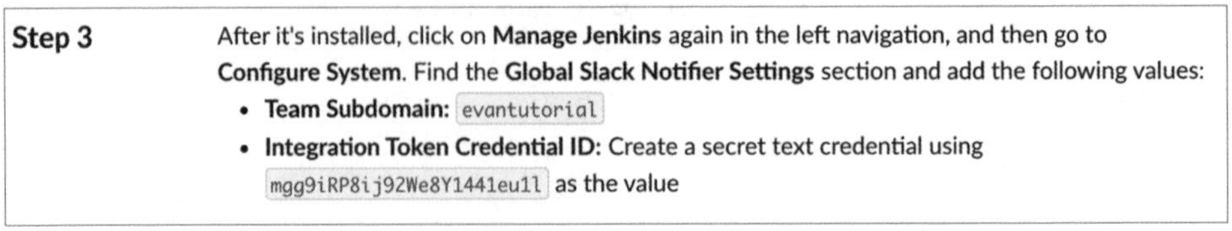

Step 3
After it's installed, click on Manage Jenkins again in the left navigation, and then go to Configure System. Find the Global Slack Notifier Settings section and add the following values:
• Team Subdomain: evantutorial
• Integration Token Credential ID: Create a secret text credential using mgg9iRP8ij92We8Y1441eu1l as the value

▲ 圖 8-42　產生 Integration Token Credential ID

如圖 8-43，回到 Jenkins 的 Manager Plugin，安裝外掛：Slack Notification。

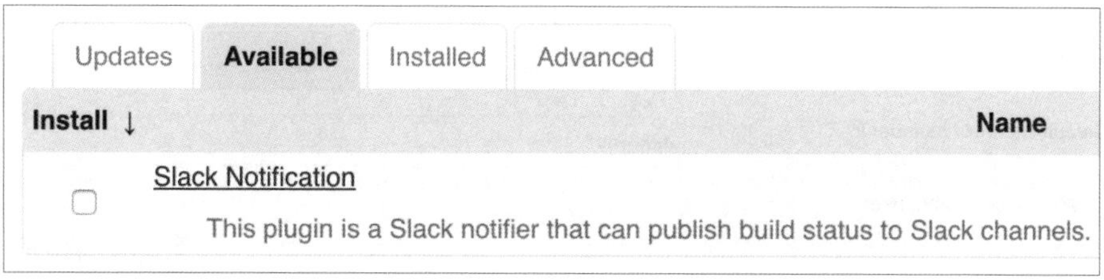

▲ 圖 8-43　Jenkins 安裝 Slack Notification Plugin

回到 Configure System，在圖 8-44 的 Add Credentials 設定 Jenkins 的密碼。Kind 選擇 Secret text，Secret 則輸入在 Slack 產生的 Integration Token Credential ID。

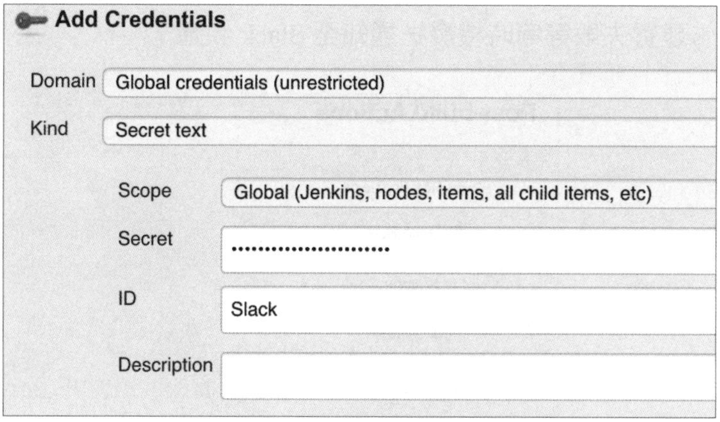

▲ 圖 8-44　新增 Credentials

接著設定 Slack，輸入你在 Slack 的 Workspace，如你的 Slack 網址是 https://evantutorial.slack.com/，則 Workspace 就是 evantutorial。而 Credential 則選擇上一步建立的密碼 Slack。在 Default channel 輸入 Slack 的頻道名稱。完成之後在圖 8-45 點選 Test Connection 測試是否成功收到通知。

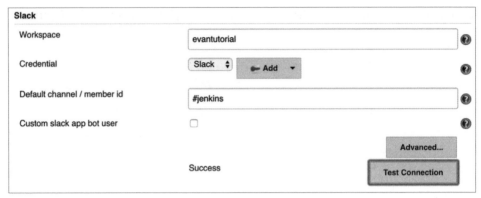

▲ 圖 8-45　測試 Slack 連線

建置完成動作

如圖 8-46 回到 Post-build Actions 設定通知 Slack。你可以選擇建置開始、建置成功、建置失敗等等時機發送通知至 Slack 頻道。

▲ 圖 8-46　Slack Notifications

在 Slack 就可以收到建置結果的通知了。請參見圖 8-47。

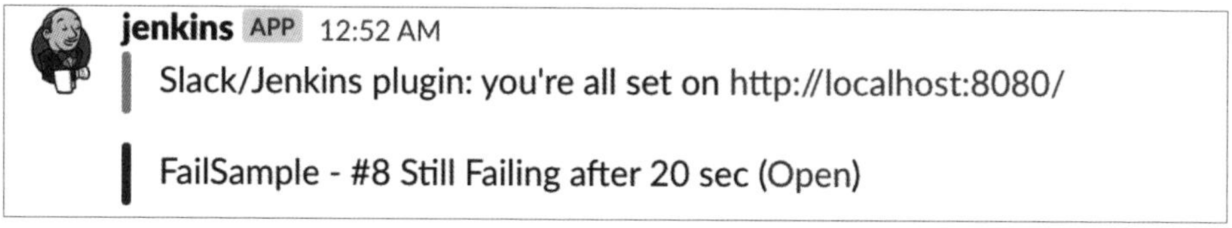

jenkins APP 12:52 AM

Slack/Jenkins plugin: you're all set on http://localhost:8080/

FailSample - #8 Still Failing after 20 sec (Open)

▲ 圖 8-47　Slack 通知

除了使用 Slack 通知，你也可以用 Json 的方式將資料 Post 到特定的伺服器接收，或是用 webHook 與其他平台整合。

8.6 程式碼自動檢查

Android Studio 提供了 Lint 這個程式碼掃描工具。我們可以用它來檢查程式碼是否有潛在的問題，例如 Bug、效能、安全性等問題。系統會將掃描的結果依照問題的嚴重等級分類顯示。使用 Jenkins 可以讓所有簽入的程式碼都可以經過 Lint 檢核。

在 Android Stuido 使用 Lint 檢查

在 Android Studio 要使用 Lint 檢查，你可以從工具列的 Analyze → Inspect Code 開始掃描程式碼，可看到如圖 8-48 的檢查結果。

▲ 圖 8-48　使用 Lint 檢查

或是在終端機執行 Lint 掃描指令：

```
./gradlew lint
```

執行完之後，如圖 8-49，會看到匯出了一個 html、xml 的報表。

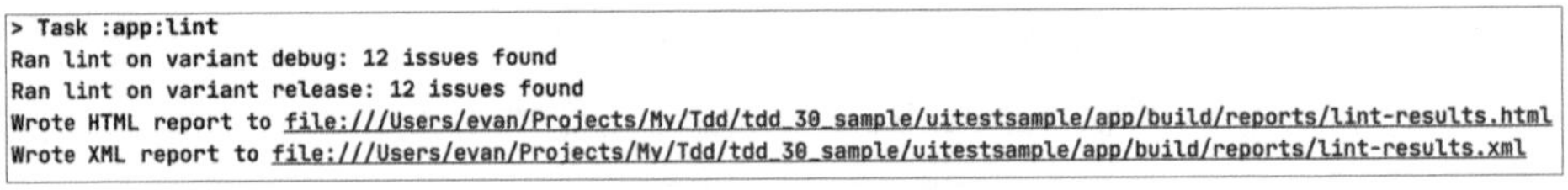

```
> Task :app:lint
Ran lint on variant debug: 12 issues found
Ran lint on variant release: 12 issues found
Wrote HTML report to file:///Users/evan/Projects/My/Tdd/tdd_30_sample/uitestsample/app/build/reports/lint-results.html
Wrote XML report to file:///Users/evan/Projects/My/Tdd/tdd_30_sample/uitestsample/app/build/reports/lint-results.xml
```

▲ 圖 8-49　Lint 報告連結

開啟後如圖 8-50 的 Lint Report，你會看到 Lint 提供了一些警告及建議。

▲ 圖 8-50　Lint Report

點進去之後會顯示如圖 8-51 更詳細的說明。

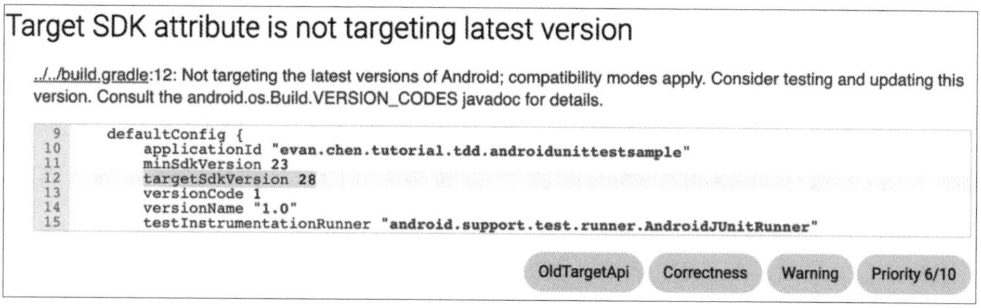

Target SDK attribute is not targeting latest version

../../build.gradle:12: Not targeting the latest versions of Android; compatibility modes apply. Consider testing and updating this version. Consult the android.os.Build.VERSION_CODES javadoc for details.

```
 9      defaultConfig {
10          applicationId "evan.chen.tutorial.tdd.androidunittestsample"
11          minSdkVersion 23
12          targetSdkVersion 28
13          versionCode 1
14          versionName "1.0"
15          testInstrumentationRunner "android.support.test.runner.AndroidJUnitRunner"
```

| OldTargetApi | Correctness | Warning | Priority 6/10 |

▲ 圖 8-51　Lint 詳細說明

透過 Jenkins 自動檢查程式碼

我們希望當有開發人員簽入程式碼時，就透過 Lint 檢查。在圖 8-52 的 Invoke Gradle script 輸入指令 Lint 或是 build。

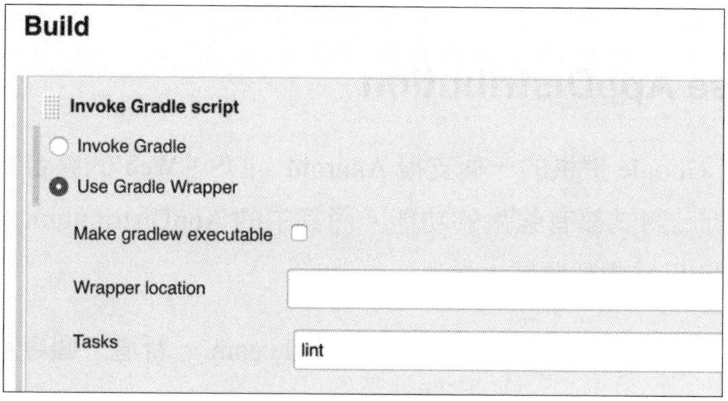

Build

Invoke Gradle script

　○ Invoke Gradle

　● Use Gradle Wrapper

　Make gradlew executable　☐

　Wrapper location

　Tasks　lint

▲ 圖 8-52　Invoke Gradle script

在這個路徑產生 xml 版及 html 版本的報告：

```
Users/{UserName}/.jenkins/workspace/{Project Name}/app/build/reports/
lint-results.html
```

Lint 還提供了自訂檢查的功能，你可以自行設定需要的檢查規則。除了 Lint，還有 Klint、Detekt、Sonarqube、Leakcanary 都是有名的程式碼檢查工具。

雖然加上程式碼檢查可能會在短期造成工作量的增加。長期來看，這可以減少 bug、減少需要再重構的機會。而最重要的還是團隊要有共識，加入程式碼檢查是有幫助的。

8.7 AppDistribution

開發人員與測試人員，經常需要共用合作。當 App 有新的版本完成時，需要把 APK 交由測試人員測試，既然 Jenkins 已經可以幫我們自動建置及產生 APK，我們何不讓 APK 到測試人員的手機這段也自動化。

Firebase AppDistribution

Firebase 是 Google 提供的一個支援 Android、iOS、Web 的整合式平台，在開發、分析、測試都有強大的功能。而其中的 AppDistribution，可以讓你快速發佈 APK 給內部測試人員。

在瀏覽器開啟：https://console.firebase.google.com/，新增一個專案。請參見圖 8-53。

▲ 圖 8-53　輸入專案名稱

新增完專案，在圖 8-54 可以看到功能列表，點選「品質」裡的「App Distribution」。

▲ 圖 8-54　Firebase 功能表列

接下來在圖 8-55，應用程式選擇 Android。

Beta
App Distribution
將預先發布版應用程式指派給您信任的測試人員
iOS
首先請新增應用程式

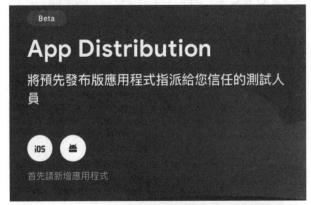

▲ 圖 8-55　選擇應用程式

在圖 8-56 處，輸入 Android 的套件名稱，也就是 ApplicationId。

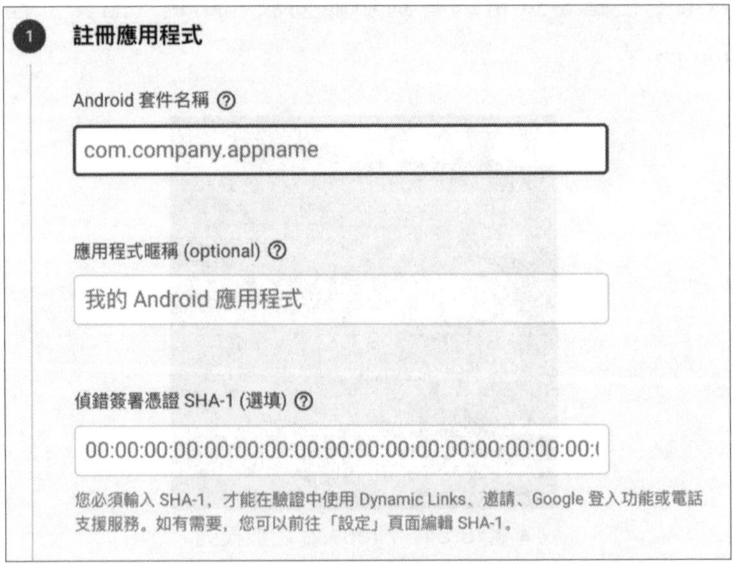
1
註冊應用程式
Android 套件名稱
com.company.appname
應用程式暱稱 (optional)
我的 Android 應用程式
偵錯簽署憑證 SHA-1 (選填)
00:00:00:00:00:00:00:00:00:00:00:00:00:00:00:00:
您必須輸入 SHA-1，才能在驗證中使用 Dynamic Links、邀請、Google 登入功能或電話支援服務。如有需要，您可以前往「設定」頁面編輯 SHA-1。

▲ 圖 8-56　輸入應用程式名稱

完成之後，會出現如圖 8-57 的「下載 google-service.json」，將這個檔案下載後放到 Android 應用程式的模組根目錄中。

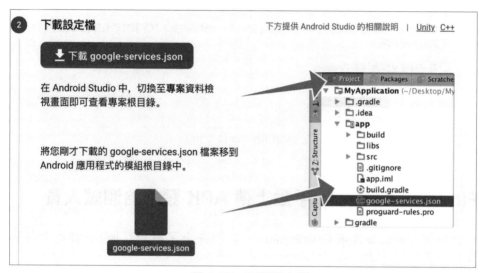

▲ 圖 8-57　下載設定檔

在專案層級的 build.gradle，加上 dependencies。

```
buildscript {
    dependencies {
        classpath 'com.google.gms:google-services:4.3.3'
    }
}
```

在應用程式層級的 build.gradle，加上 plugin。

```
apply plugin: 'com.google.gms.google-services'
```

完成之後，再回到 Firebase，就會出現圖 8-58。點選「前往主控台」就完成了。

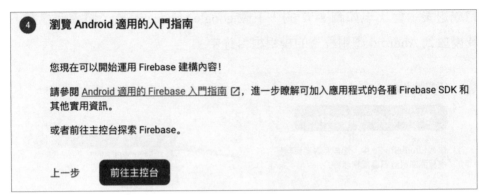

▲ 圖 8-58　前往主控台

Firebase console 手動上傳 APK 發佈給測試人員

設定好了 Firebase App Distribution，我們先來了解自行匯出 APK 上傳到 Firebase console 的步驟。

在 Android Studio，Build APK。請參見圖 8-59。

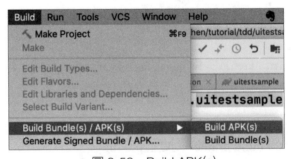

▲ 圖 8-59　Build APK(s)

在圖 8-60 的 Firebase 畫面，手動上傳 APK，透過 App distribution 發佈給測試人員。

▲ 圖 8-60　上傳 APK

上傳後，如圖 8-61，輸入測試人員的 Email。

▲ 圖 8-61　新增測試人員

接著輸入新增的版本資訊，在圖 8-62 的備註欄位，輸入這個版本增加的功能。測試人員在收到 Email 後就會看到這裡所備註的內容，點選發布給 1 名測試人員。

▲ 圖 8-62　輸入備註內容

測試人員就會收到如圖 8-63 的 Email，依照 Email 上的指示即可安裝測試 App。

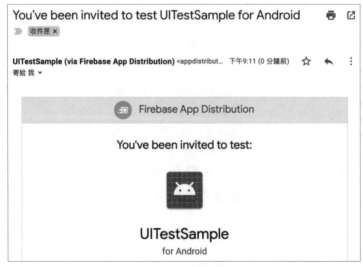

▲ 圖 8-63　測試邀請 Email

接著在圖 8-64，可以看到目前測試人員的安裝狀況。

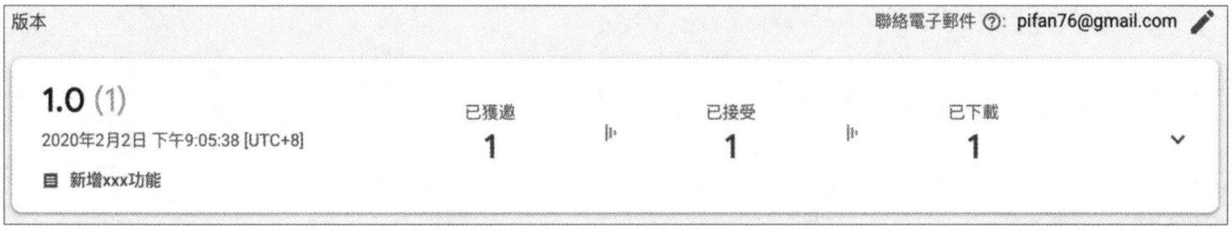
版本
聯絡電子郵件 ⑦: pifan76@gmail.com
1.0 (1)
2020年2月2日 下午9:05:38 [UTC+8]
新增xxx功能
已獲邀
1
已接受
1
已下載
1

▲ 圖 8-64　測試人員安裝狀態

除了單一輸入 Email 邀請測試人員，你也可以新增包含多個測試人員的測試群組，例如 QA Team。當有新版本要測試時，就可以選擇要發給測試人員或是測試群組。請參見圖 8-65。

App Distribution
版本
邀請連結
測試人員和群組
測試人員
查看所有測試人員
1 名測試人員
群組
新增群組
Marketing Team
0 名測試人員
QA Team
1 名測試人員

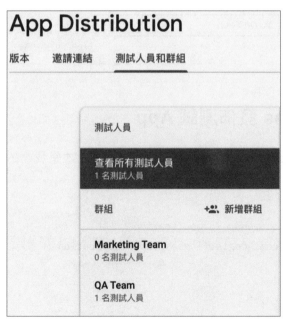

▲ 圖 8-65　新增測試群組

如圖 8-66，點選邀請連結，透過建立邀請連結來產生一個網址，只要知道這個連結網址的人，都可以下載 App 來測試。

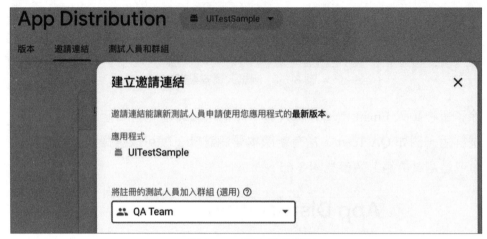

▲ 圖 8-66　建立邀請連結

透過 Jenkins 發佈測試 App

透過 Jenkins 自動發佈 APK 到測試人員的手機上才是我們的主要目標。

在 build.gradle 加上

```
apply plugin: 'com.android.application'
apply plugin: 'com.google.firebase.appdistribution'

buildscript {
    repositories {
        google()
    }
    dependencies {
```

```
        classpath 'com.google.firebase:firebase-appdistribution-gradle:
1.3.1'
    }
}
```

Authenticate with Firebase

要讓 Jenkins 發佈到 Firebase，我們需要先從 Firebase 產生一個 Token。在
終端機輸入指令後會產生一個連結。請參見圖 8-67。

```
./gradlew appDistributionLogin
```

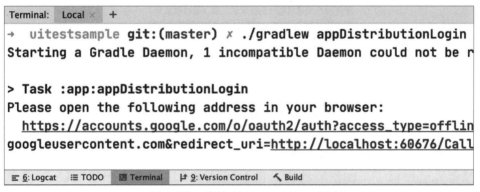

▲ 圖 8-67　產生 Firebase Token 連結

複製連結後貼到瀏覽器上，即會出現如圖 8-68，要求允許「Firebase CLI」
查看 Google Cloud Platform 服務中的資料。

「Firebase CLI」想要存取您的 Google 帳戶
pifan76@gmail.com
這麼做將允許「Firebase CLI」進行以下操作：
查看及管理您放在所有 Google Cloud Platform 服務中的資料
確認「Firebase CLI」是您信任的應用程式
這麼做可能會將您的機密資訊提供給這個網站或應用程式。想瞭解「Firebase CLI」會如何處理您的資料，請參閱該應用程式的《服務條款》和《隱私權政策》。您隨時可以前往 Google 帳戶頁面查看或移除存取權。
瞭解潛在風險
取消
允許

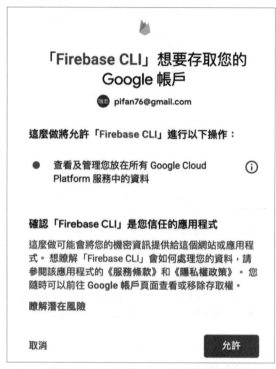

▲ 圖 8-68　Firebase CLI 存取權限

接著會出現 Received verification code.You may now close this window.，這樣就完成授權了。回到終端機，會看到已經成功產生了一個 Token。請參見圖 8-69。

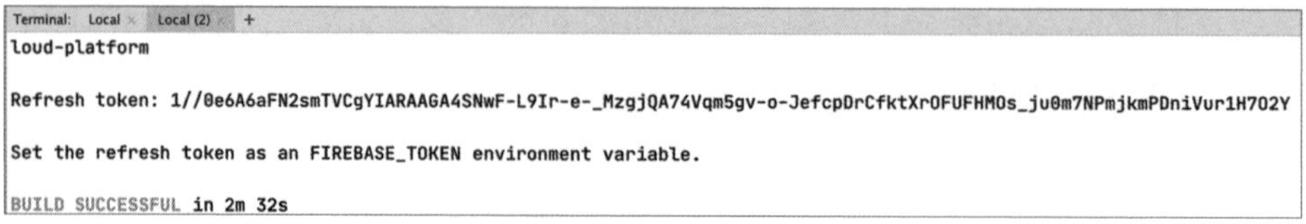

Terminal: Local Local (2) +
loud-platform
Refresh token: 1//0e6A6aFN2smTVCgYIARAAGA4SNwF-L9Ir-e-_MzgjQA74Vqm5gv-o-JefcpDrCfktXrOFUFHMOs_ju0m7NPmjkmPDniVur1H7O2Y
Set the refresh token as an FIREBASE_TOKEN environment variable.
BUILD SUCCESSFUL in 2m 32s

▲ 圖 8-69　產生 FireBase Token

複製上面的 Refresh token，執行以下指令，將 FIREBASE_TOKEN 儲存在
環境變數。

```
export FIREBASE_TOKEN=token
export FIREBASE_TOKEN=1//0e6A6aFN2smTVCgYIARAAGA4SNwF-L9Ir-e-
_MzgjQA74Vqm5gv-o-JefcpDrCfktXrOFUFHMOs_ju0m7NPmjkmPDniVur1H7O2Y
```

接著在 build.Gradle 設定本次版本更新的「更新訊息」、「測試人員」。

```
android {
    ...
    buildTypes {
        release {
            firebaseAppDistribution {
                releaseNotes=" 更新了 xxx 功能 "
                testers="ali@example.com, bri@example.com, cal@example.com"
            }
        }
    }
    ...
}
```

也可以設定發佈給測試群組。

```
firebaseAppDistribution {
            releaseNotes=" 更新了 xxx 功能 "
            groups="qa-team"
}
```

在終端機執行以上指令，這樣就完成自動上傳到 Firebase appDistribution
了。測試人員也會收到新版的 App 下載通知。

```
./gradlew assembleRelease appDistributionUploadRelease
```

設定 Jenkins

回到如圖 8-70 的 Jenkins 環境設定，把 FIREBASE_TOKEN 加到環境變數。

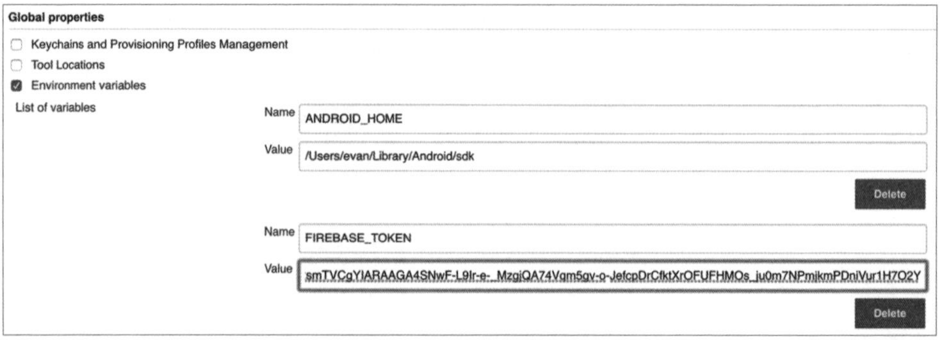

| Global properties |
| Keychains and Provisioning Profiles Management |
| Tool Locations |
| ✓ Environment variables |
| List of variables |

	Name	ANDROID_HOME
	Value	/Users/evan/Library/Android/sdk
		Delete
	Name	FIREBASE_TOKEN
	Value	smTVCgYIARAAGA4SNwF-L9Ir-e-_MzgjQA74Vgm5gv-o-JefcpDrCfktXrOFUFHMQs_ju0m7NPmjkmPDniVur1H7O2Y
		Delete

▲ 圖 8-70　設定環境變數

回來 Jenkins Item 的設定，在圖 8-71 的 Source Code Management，將 Git 的 Branches to build 設定為 release 這個分支，當有開發人員將程式碼合併到 release 時，就會自動發佈測試版本給 QA。當然，你也可以自行建立特定的分支是要讓測試人員收到的。

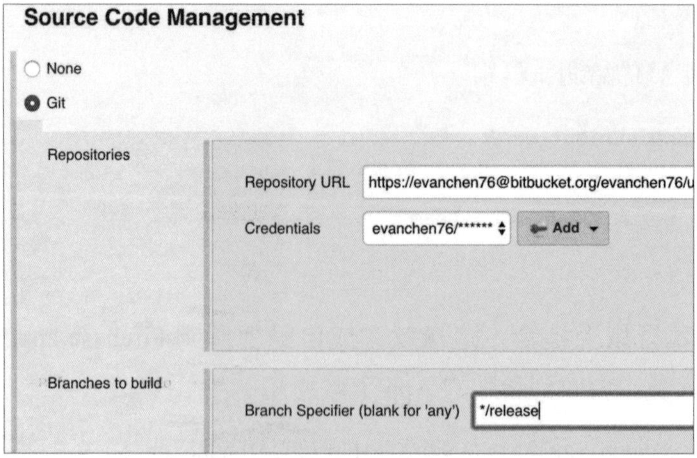

Source Code Management

○ None
● Git

Repositories

　　Repository URL　https://evanchen76@bitbucket.org/evanchen76/u

　　Credentials　　　evanchen76/****** ⟷ ← Add ▾

Branches to build

　　Branch Specifier (blank for 'any')　*/release

▲ 圖 8-71　Source Code Management

在 Build 裡使用 Gradle 指令來發佈至 Firebase。

在圖 8-72 處，輸入 Invoke Gradle script：

```
assembleRelease appDistributionUploadRelease
```

Build

Invoke Gradle script
○ Invoke Gradle
● Use Gradle Wrapper
Make gradlew executable ☐
Wrapper location
Tasks   assembleRelease appDistributionUploadRelease

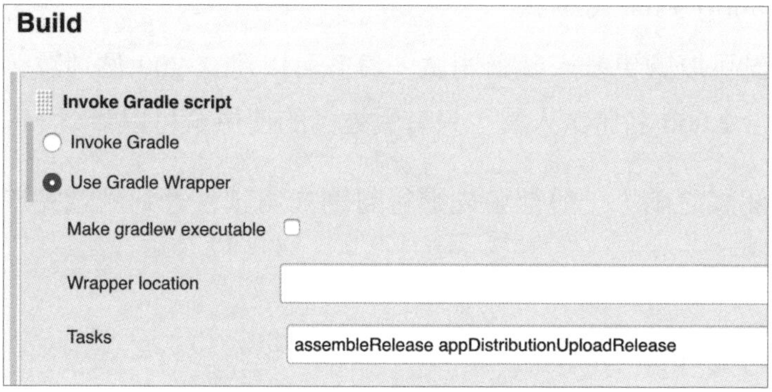

▲ 圖 8-72　Invoke Gradle script

這樣就完成了，當開發人員將程式碼合併至 release 分支，即會自動發佈 APK 給測試人員。

8.8　Beta Testing

通過 QA 測試之後，我們希望可以再擴大測試的範圍，讓更多的測試人員一起測試。Google Play 就提供了 Beta Testing 的服務。

Google Play 將發佈測試 APK 分為了三個階段：

- Internal Testing 內部測試
- Alpha Testing 封閉式測試
- Beta Testing 開放式測試

Internal Testing 內部測試

內部測試可快速發佈應用程式來進行測試。最多可以有 100 名測試人員參與測試。

Alpha Testing 封閉式測試

封閉式測試可以讓更多人參與測試，最多可以建立 200 個清單，每個清單最多可包含 2,000 名測試人員，只有受邀請的使用者可以參與。

在開放式測試之前，一般都會先進行封閉式測試。等到測試完成，再開放給更多人測試。

Beta Testing 開放式測試

開放式測試可以讓一般的使用者都可以參與測試，使用者可以在 Google Play 上找到你的測試版 App。你可以透過 Google Play 測試網址讓使用者下載 App。你可以把 Beta 版本視為上架前的先行版本。就像遊戲 App 都會有封測就是使用這種 Beta Testing 開放式測試。你會在 Google Play 上看到有些 App 會有一個區塊顯示**加入測試版計畫**，指的就是開放式測試，任何人都可以在 Google Play 自行加入測試計畫。

8.9 自動部署 App 至 Google Play

App 的發佈有許多的人工作業，這些作業不只花時間還容易做錯。 Jenkins 也能把這些步驟都自動化。

一般而言，App 上線步驟有這 4 個：

1. 編譯並簽署 APK 後匯出
2. 將匯出的 APK 上傳至 Google Play
3. 填寫版本更新資料
4. 發佈更新

自動簽署 APK

開始自動簽署之前，我們先來看一下透過 Android Studio 怎麼簽署 APK。在工具列 Build → Generate Signed Bundle/APK 來建立 KeyStore 與簽署 APK。一個 Key Store 產生時，要輸入的資訊：Key Store Password、Key Alias、Password 等等。請參見圖 8-73。

▲ 圖 8-73　產生 Key Store

使用 Gradle 自動簽署

新增一個 keystore.properties，用來儲存簽署的 keyStore 與密碼。避免將檔案給放到程式碼儲存庫上而導致洩漏出去。 keystore.properties 將會被放到 Jenkins 伺服器上，而不是在 Android 專案裡。

Keystore.properties 檔案：

```
storeFile=AndroidUnitTestKeyStore
storePassword=00000000
keyAlias=AndroidUnitTestKeyStore
keyPassword=00000000
```

在 buidl.gradle 載入 keystore.properties。

```
android{
  ...
  def keystorePropertiesFile = rootProject.file("/Users/{User}/Documents/
keystore.properties")
  def keystoreProperties = new Properties()
  keystoreProperties.load(new FileInputStream(keystorePropertiesFile))
}
```

在 Build.Gradle 設定簽署資訊：

```
android{
    ...
    signingConfigs {
        release {
            keyAlias keystoreProperties['keyAlias']
            keyPassword keystoreProperties['keyPassword']
            storeFile file(keystoreProperties['storeFile'])
            storePassword keystoreProperties['storePassword']
        }
    }
```

```
buildTypes {
    release {
        minifyEnabled false
        proguardFiles getDefaultProguardFile('proguard-android-
optimize.txt'), 'proguard-rules.pro'
        signingConfig signingConfigs.release
    }
}
...
}
```

Google Play Console 產生服務帳號

要部署到 Google Play，需要新增權限讓 Jenkins 可以自動部署。如圖 8-74，開啟 Google Play Console 網頁 https://play.google.com/apps/publish/。點選設定 → 開發人員帳戶 → API 存取權 → 建立新專案。

▲ 圖 8-74　Google Play Console API 建立專案

新增專案後，可以看到已產生了一個 Google Play Android Developer 專案。接著要點選建立服務帳戶，這個服務帳戶是要讓 Jenkins 來做自動上架用的。請參見圖 8-75。

▲ 圖 8-75　建立服務帳號

步驟1 在圖 8-76 輸入服務帳戶名稱後點選建立。

▲ 圖 8-76　填寫服務帳戶

步驟2 在圖 8-77 服務帳戶權限增加角色 Android 管理服務使用者。

▲ 圖 8-77　選擇服務帳戶權限

步驟3 在圖 8-78 點選建立金鑰。

▲ 圖 8-78　建立金鑰

步驟 4 在圖 8-79 匯出 JSON 檔案的金鑰。這個 JSON 檔案稍後在 Jenkins 要用來發佈 App。

▲ 圖 8-79　建立 Json 金鑰

完成後就可以看到如圖 8-80 產生了一個服務帳戶。

▲ 圖 8-80　服務帳戶列表

Jenkins 自動發佈

在 Jenkins 安裝外掛 Google OAuth Credentials、Google Play Android Publisher，這兩個外掛可以讓 Jenkins 發佈 App 至 Google Play。

回到圖 8-81 的 Global Credentials 設定金鑰，在 Global credentials 點選 Add Credentials。

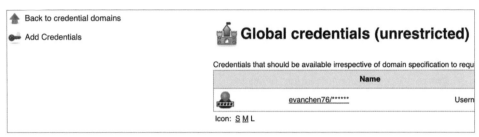

▲ 圖 8-81　Global credentials

在圖 8-82 選擇 Google Service Account from private Key，接著上傳在 Google Play Console 服務產生的 JSON Key。

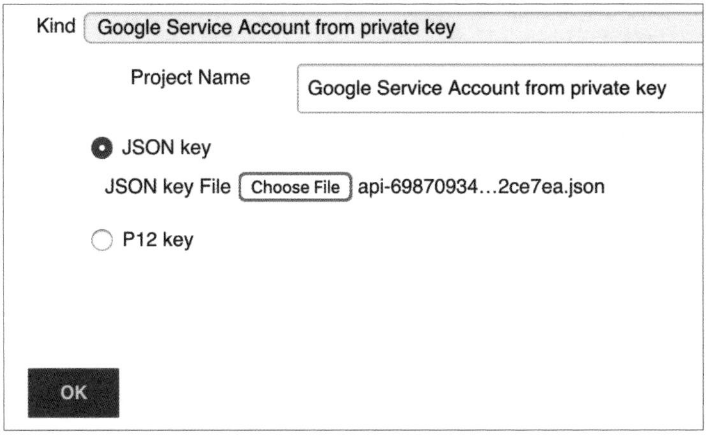

Kind 〔 Google Service Account from private key 〕

Project Name 〔 Google Service Account from private key 〕

◉ JSON key

JSON key File 〔 Choose File 〕 api-69870934...2ce7ea.json

◯ P12 key

〔 OK 〕

▲ 圖 8-82　新增 JSON Key

產生完成就可以在圖 8-83 的 Global credentials 看到新增了一組密碼。

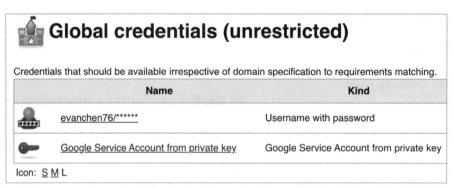

▲ 圖 8-83　Global credentials 列表

回到 Jenkins 如圖 8-84 的 Build。輸入 Gradle 指令：assembleRelease。

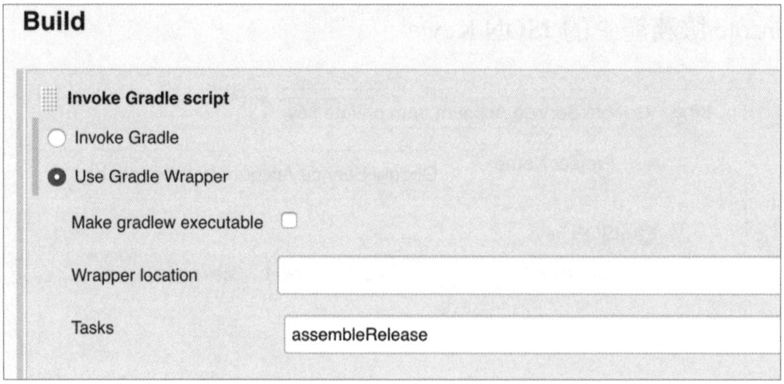

```
Build

   Invoke Gradle script
   ○ Invoke Gradle
   ● Use Gradle Wrapper

   Make gradlew executable   ☐

   Wrapper location

   Tasks                     assembleRelease
```

▲ 圖 8-84　Build - Invoke Gradle script

在圖 8-85 的 Post-build Actions 新增建置後的動作：Upload Android AAB/APKs to Google Play，將 APK 發佈至 Google Play。

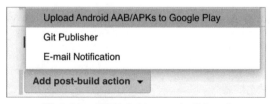

▲ 圖 8-85　設定 Add post-build action

在圖 8-86 填入資料：

- 選擇的 Global credentials Json Key。
- 設定 APK 路徑。
- Release track 設定發佈的版本，除了 Production，你還可以發佈 internal 內部測試、alpha 封閉式測試、beta 開放式測試。
- Rollout 設定發佈的百分比。
- Recent changes 設定更新的內容說明。

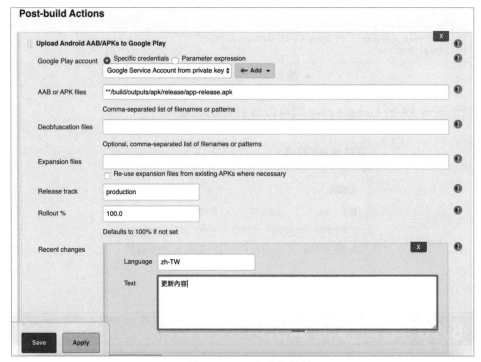

▲ 圖 8-86　設定發佈細節

執行後就會看到圖 8-87 的成功訊息。表示已經發佈到 Google Play 了。

```
BUILD SUCCESSFUL in 1s
27 actionable tasks: 1 executed, 26 up-to-date
Build step 'Invoke Gradle script' changed build result to SUCCESS
Authenticating to Google Play API...
- Credential:     Google Service Account from private key
- Application ID: evan.chen.tutorial.tdd.androidunittestsample

Uploading 1 file(s) with application ID: evan.chen.tutorial.tdd.androidunittestsample

     APK file: app/build/outputs/apk/release/app-release.apk
   SHA-1 hash: 459f4c85a5983ea64f6ce85764748b9903f7ee66
  versionCode: 2
 minSdkVersion: 23

Setting rollout to target 100% of production track users
The production release track will now contain the version code(s): 2

Applying changes to Google Play...
Changes were successfully applied to Google Play
Finished: SUCCESS
```

▲ 圖 8-87　發佈成功訊息

回到圖 8-88 的 Google play 則可以看到發佈成功。

▲ 圖 8-88　Google Play 正式版本發佈資訊

8.10　階段發佈 App

儘管我們在正式發佈前，已經做了封閉式與開放式測試，仍有可能在發佈後發生 App 的功能異常。為了降低影響的範圍，我們可以使用階段式的發佈 App，減少當新版本有異常時導致大量使用者無法使用。

在圖 8-89 設定發佈百分比及國家。

版本發布百分比

指定您的用戶群在這個版本的發布目標中佔有多少百分比。

在使用中裝置上安裝的次數	階段發布比例	目標安裝次數 (依階段發布區分)
0	20%	0
		建議將目標安裝次數設為至少 10000 次。

發布國家/地區

請指定您要發布這個版本的國家/地區。
注意： 為特定版本選取要階段發布的國家/地區並付諸實行後，就無法變更選擇。

	國家/地區	在使用中裝置上安裝的次數
☑	台灣	0
☐	尼日	0
☐	尼加拉瓜	0
☐	尼泊爾	0

▲ 圖 8-89　設定發佈百分比及國家

8.11　閃退偵測

DevOps 包含開發及維運，所以 App 是不是正常在運作也是我們要關注的。當發佈後有錯誤或閃退發生時，我們需要知道立即收到通知。

Firebase 推出了 Crashlytics 的服務，可以讓你偵測 App 的閃退。除了能搜集閃退的記錄，還能知道發生錯誤的程式碼位置。有時候某個 Bug 只會發生在特定作業系統版本或廠牌，也可能在特定 App 版本更新之後才會發生，Crashlytics 可以讓我們更快找到問題。

新增 Firebase Project，下載 google-services.json 至你的專案內。請參見圖 8-90。

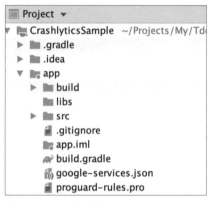

▲ 圖 8-90　專案內的 google-service.json

如圖 8-91，在品質裡找到 Crashlytics。步驟 1 選擇是否為 Fabric 轉移過來的。

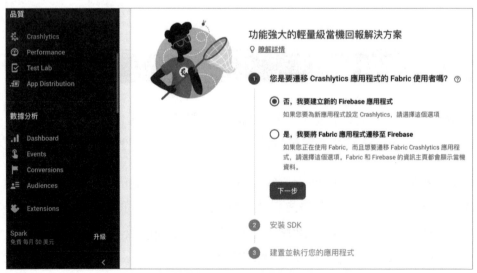

▲ 圖 8-91　Crashlytics 介面

步驟 2 如圖 8-92，開始安裝 SDK。

▲ 圖 8-92　安裝 SDK

開啟 Android 專案。在專案層級的 build.gradle 加上 dependencies。

```
dependencies {
    ...
    classpath 'com.google.gms:google-services:4.3.3'
    classpath 'com.google.firebase:firebase-crashlytics-gradle:2.0.0-
beta02'
}
```

在應用程式層級的 build.gradle 加上 dependencies。

```
dependencies {
        implementation 'com.google.firebase:firebase-crashlytics:17.0.0-
beta01'
}

apply plugin: 'com.google.gms.google-services'
apply plugin: 'com.google.firebase.crashlytics'
```

編譯後執行 App，回到 Firebase Console 就會看到 Crashlytics 已成功啟用。接著就來測試看看當 App 發生閃退時是否在 Crashlytics 有收到。

```
button.setOnClickListener {
    throw Exception("Test Exception")
}
```

回到如圖 8-93 的 Crashlytics 就可以看到針對閃退的統計資料。包含閃退的次數、影響的使用者數。

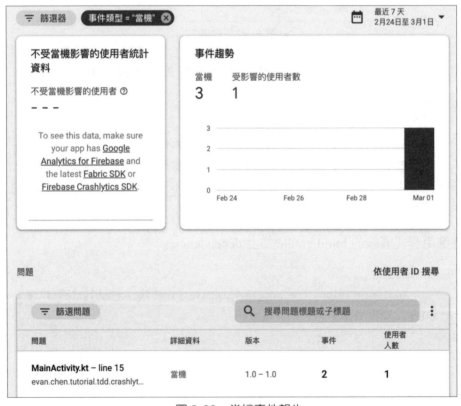

▲ 圖 8-93　當機事件報告

錯誤的資訊如圖 8-94 所示，包含發生在哪個 App 版本、作業系統及手機廠牌等。

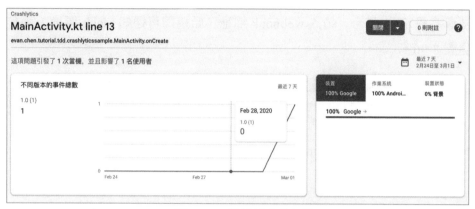

▲ 圖 8-94　當機報告的細節

點進去圖 8-95 之後可以找到錯誤發生在哪一段程式碼。

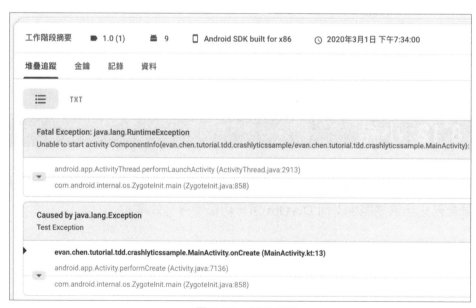

▲ 圖 8-95　錯誤明細

通知 Slack

App 發生閃退時，我們也可以讓 Crashlytics 發送到 Slack 的特定頻道。開啟專案設定 -> 整合，輸入 webhook 網址、頻道即可通知 Slack 頻道。請參見圖 8-96。

所屬團隊的 Slack 連入 Webhook 網址

按這裡即可搜尋或設定所屬團隊的連入 Webhook。每個 Slack
工作區只能使用一個 Webhook。

Incoming Webhook URL

頻道

#general

發布訊息的使用者名稱

Firebase

▲ 圖 8-96　通知 Slack

8.12 小結

單元測試讓你驗證程式是否正確，讓你不怕改錯。測試驅動開發讓你在測試之前先想清楚需求；而 DevOps 讓一切都變得有效率。

小結這個章節的自動化項目：

開發

- 建置
- 單元測試
- 在實體手機上測試
- 在雲端測試
- 程式碼檢核
- 建置結果通知開發人員

自動部署

- 簽署 APK
- 測試版 APK 到測試人員的手機
- 發佈 Google Play 封閉性測試
- 發佈 Google Play 開放性測試
- 發佈 Google Play 正式版

監控

- 當機偵測

不只是工具

DevOps 強調的是藉由團隊間合作關係的改善，使得效率因此得到提升。自動化只是其中一個實踐，仍有許多工具以外的事，像是 DevOps 文化的落實就更為重要，例如團隊成員應儘快的把程式碼簽入程式碼儲存庫，當建置失敗立即修正，如在一定期間內無法修復則應退回可執行的版本。這些將有賴團隊對於 DevOps 的規範與共識。有時候團隊有效的溝通，比起工具是更為重要的。

參考書籍及網站

Continusous Delivery 中文版　Jez Humble · Devid Farley

Improve your code with lint checks

https://developer.android.com/studio/write/lint?hl=en

Add Firebase to your Android project

https://firebase.google.com/docs/android/setup#console

Distribute Android apps to testers using Gradle

https://firebase.google.com/docs/app-distribution/android/distribute-gradle

在雲端測試 App

不同的手機與作業系統版本經常會影響測試結果。在模擬器上測試，可能無法滿足你的測試需求，這時候通常就會想到購買實體手機來做測試，但不停的購買手機可能不如直接在雲端上測試來得有效益，Google、Amazon 的雲端服務就提供多種廠牌裝置與作業系統版本的選擇。

雲端測試有幾個好處：

- 測試速度快，大量裝置能同時測試。
- 不需一次採買大量手機。
- 手機型號及作業系統種類多。
- 支援 Android、iOS，支援主流測試框架：Espresso、Appium、XCUITest。
- 錄影功能，方便回朔測試過程。
- Log 紀錄完整，方便查看。

9.1 Firebase Test Lab

Firebase 是 Google 所推出同時支援 Android、iOS 的 App 雲端開發平台，協助開發者在雲端快速建置後端服務。而 Test Lab 就是 Firebase 的雲端測試 App 服務。你可以把自行撰寫的 Espresso 測試與 APK 放到雲端上在數百個裝置上測試。也可以用 Robo 測試，不需要撰寫任何測試程式碼。

建立測試

登入 https://console.firebase.google.com/ 之後，如圖 9-1，選擇 Test Lab。

▲ 圖 9-1　Test Lab

進到 Test Labs 之後，可以看到如圖 9-2 的測試清單。欲新增測試需點選**執行測試**，選擇類型為**檢測設備測試**。

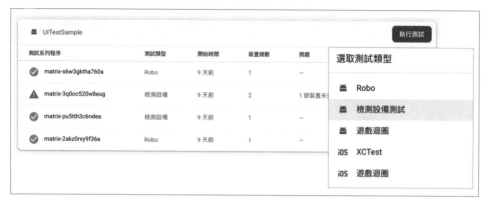

▲ 圖 9-2　檢測設備測試

步驟1 設定測試。在圖 9-3 上傳被測試 APK，路徑是 debug/app-debug.apk。上傳撰寫測試案例 AndroidTestAPK，路徑是 androidTest/debug/app-debug-androidTest.apk。

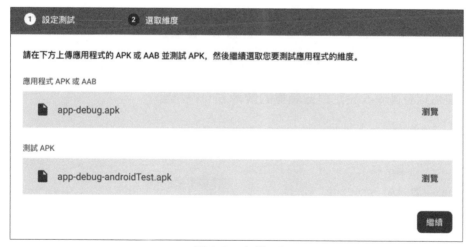

▲ 圖 9-3　上傳 APK

接著在圖 9-4 選擇你要在哪些裝置及作業系統版本上執行測試。

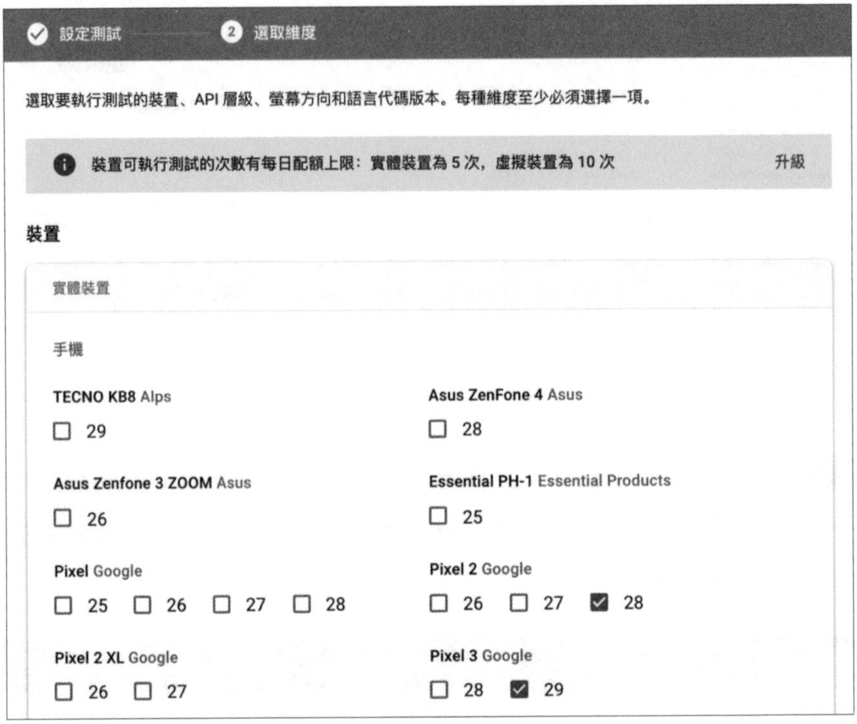

▲ 圖 9-4　選擇裝置及作業系統

你還可以在圖 9-5 設定這些裝置的螢幕方向與語言。

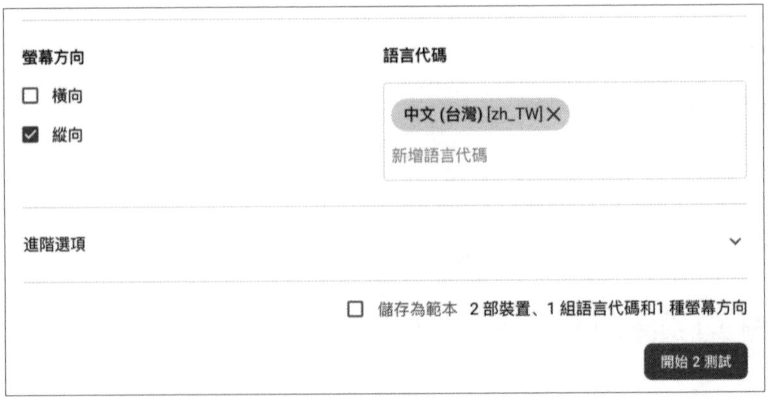

▲ 圖 9-5　選擇螢幕方向與語言

開始測試之後，所選擇的裝置就會同時啟動測試。這是雲端測試的好處，即使有 100 台裝置，還是能在很快的時間內執行完。你可以在測試完成後觀看測試過程的影片。

執行完測試如圖 9-6 呈現多筆裝置的測試結果。

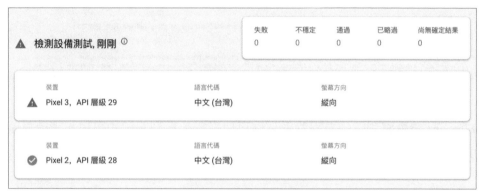

▲ 圖 9-6　測試結果

點選裝置後，如圖 9-7 可以看到每一個測試案例的執行結果。

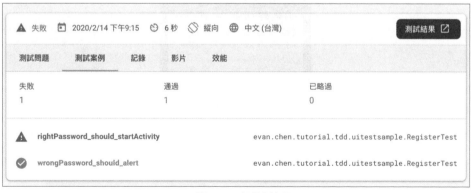

▲ 圖 9-7　測試結果

點進去測試案例，可以看到如圖 9-8 的錯誤記錄。

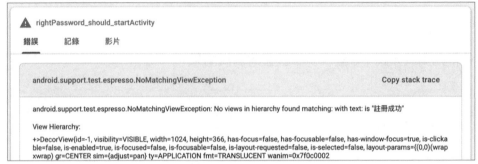

▲ 圖 9-8　測試失敗的記錄

Firebase 還會將測試的過程錄影，你可以從影片看到測試的過程。請參見圖 9-9。

▲ 圖 9-9　測試錄影影片

Robo tests

Firebase 的 Robo tests 可以讓你不用撰寫測試程式碼就進行測試。Robo 會先分析 App 介面的結構，模擬使用者在 App 上的活動進行探索。這種測試方式與 Monkey 的隨機測試是不同的。在圖 9-10 選擇 Robo。

▲ 圖 9-10　選擇 Robo

在步驟 1 上傳被測試的 APK。而 Robo 測試不需上傳 Espresso 上撰寫的測試 APK。請參見圖 9-11。

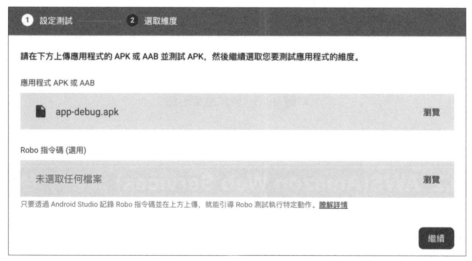

▲ 圖 9-11　上傳被測試 APK

測試完就可以看到圖 9-12 的結果了。

▲ 圖 9-12　測試結果

點進去可以看到圖 9-13 有更多的細節及 Robo 是如何測試的。

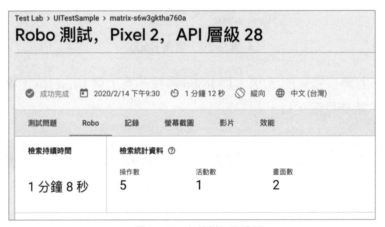

▲ 圖 9-13　測試結果明細

9.2 AWS(Amazon Web Services) 測試平台

AWS 的雲端測試叫 Device Farm，在圖 9-14 新增 Device Farm。

▲ 圖 9-14　選擇 AWS Device Farm

進入 Device Farm 之後，可以看到圖 9-15 的畫面，接著新增 Mobile Device Project，在這裡輸入你的專案名稱。

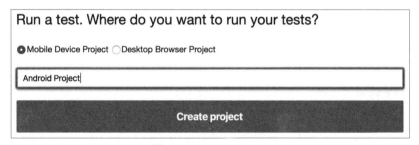

▲ 圖 9-15　Create project

接著在圖 9-16 選擇 Create a new run，代表要新增一個測試。

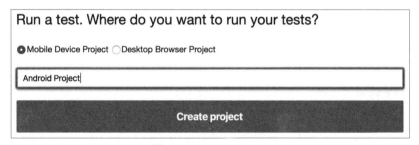

▲ 圖 9-16　Create a new run

在圖 9-17 上傳被測試的 APK。

▲ 圖 9-17　上傳被測試 APK

上傳成功後，在圖 9-18 可以看到 APK 的資訊，輸入此次測試的名稱後按下一步。

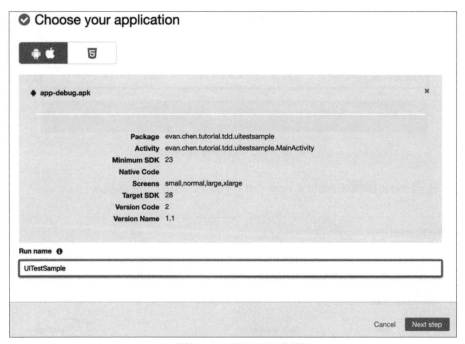

▲ 圖 9-18　輸入測試名稱

在圖 9-19 選擇自動測試的類型，如果是使用 Espresso 所撰寫的測試，
則選擇 Instrumentation，再上傳測試 APK：androidTest/debug/app-debug-androidTest.apk。

❶ Configure your test

Setup test framework
Select the test type you would like to use. If you do not have any scripts, select *Built-in: Fuzz* or explore your app.

Test | Instrumentation | ⌄ |

Upload JUnit, Robotium, Espresso, or any instrumentation tests you've written for your app.

⬆ Upload | Or drop your file here ❶

▶   **Advanced Configuration (optional)**
Change default selection for enabling video and data capture - default "on"

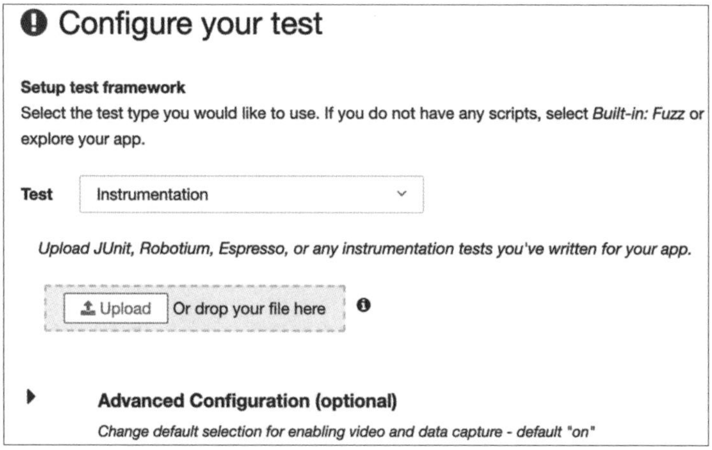

▲ 圖 9-19　Configure your test

接著在圖 9-20 選擇執行的環境。

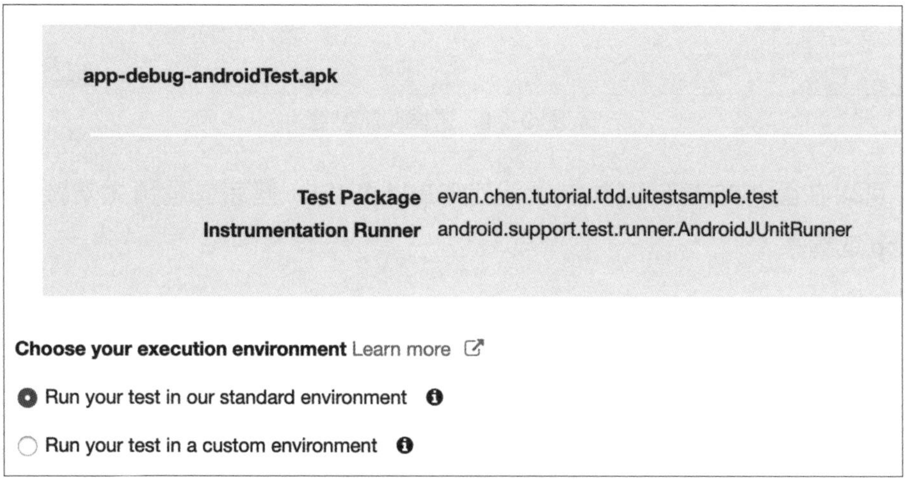

app-debug-androidTest.apk

Test Package evan.chen.tutorial.tdd.uitestsample.test
Instrumentation Runner android.support.test.runner.AndroidJUnitRunner

Choose your execution environment Learn more ↗

⦿ Run your test in our standard environment ❶

○ Run your test in a custom environment ❶

▲ 圖 9-20　選擇執行環境

如圖 9-21，如果你選擇的是 Standard environment，Device Farms 會為你選擇最多人使用的作業系統版本作為預設的測試裝置。從下圖可以看到選擇了從 Android 6~10 最多人使用的版本作為測試的裝置。

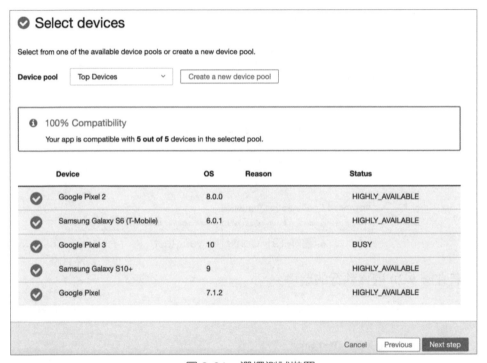

▲ 圖 9-21　選擇測試裝置

你可以在圖 9-22 這些測試裝置設定 GPS、WIFI、藍芽或是預先安裝其他 App 或檔案。

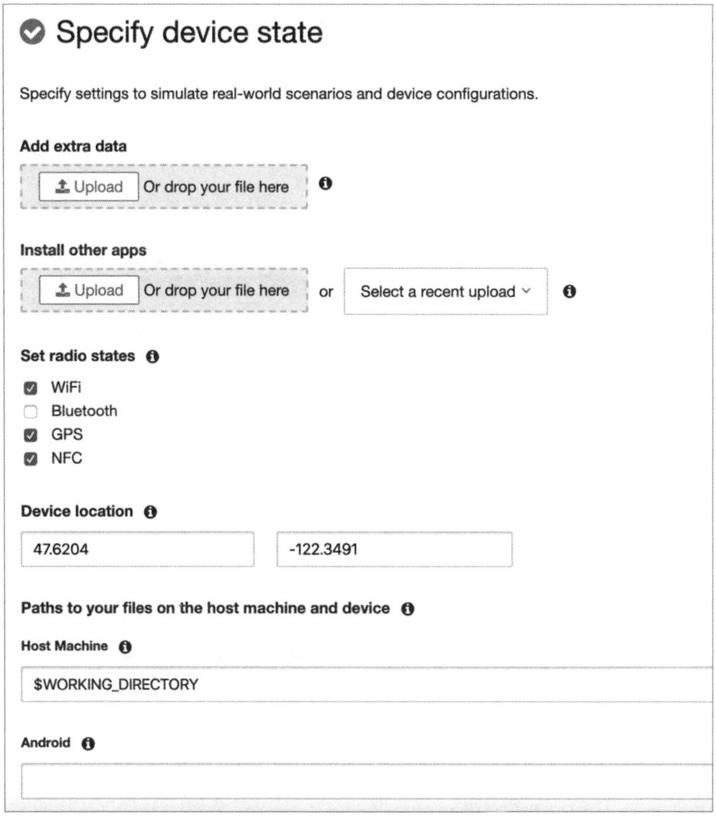

▲ 圖 9-22　設定裝置額外資訊

當測試完成，即可看到如圖 9-23 每一個裝置的測試結果。

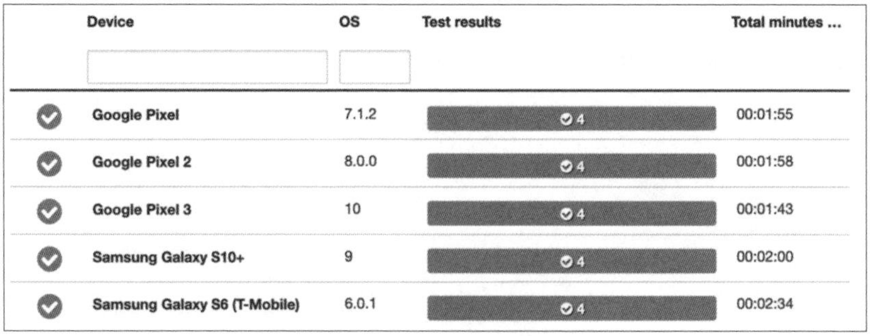

	Device	OS	Test results	Total minutes ...
✓	Google Pixel	7.1.2	✓ 4	00:01:55
✓	Google Pixel 2	8.0.0	✓ 4	00:01:58
✓	Google Pixel 3	10	✓ 4	00:01:43
✓	Samsung Galaxy S10+	9	✓ 4	00:02:00
✓	Samsung Galaxy S6 (T-Mobile)	6.0.1	✓ 4	00:02:34

▲ 圖 9-23　裝置測試結果

點進去裝置後，圖 9-24 呈現的是每一個測試案例的細節。

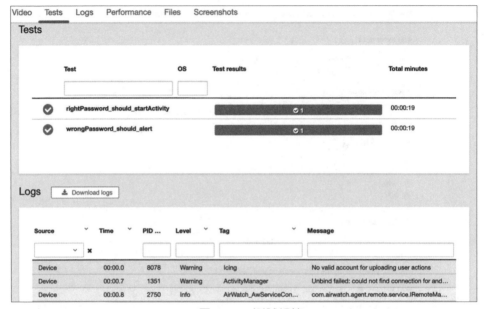

▲ 圖 9-24　測試細節

參考網站

Firebase Test Lab

https://firebase.google.com/docs/test-lab

AWS Device Farm

https://aws.amazon.com/tw/device-farm/

使用 TDD 開發遊戲 — 採地雷

小 時候可能都有玩過踩地雷遊戲,遊戲的目標是找出沒有地雷的方格。請參見圖 10-1。當找到全部沒有地雷的方格即獲勝,而踩到地雷則為失敗。你可以在方格按下即開啟,長按則為放置旗幟提醒該方格是地雷。這個章節我們就用 TDD 的方式來做出採地雷的 App。

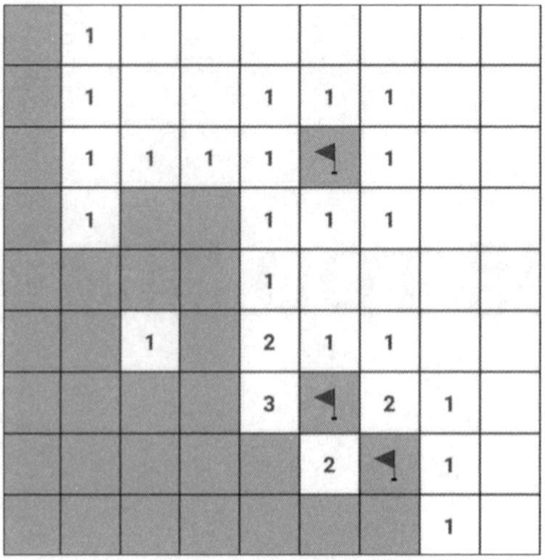

▲ 圖 10-1　踩地雷遊戲

10.1　擬定測試案例

TDD 的開發方式，在開始寫之前會先擬好測試案例。而這個先寫測試的方式就是要讓你先想清楚需求。先列出測試案例，每個測試案例帶出關鍵分岐點。

以下步驟，請您務必搭配範例檔案的每一個 commit 一起看。

一、產生遊戲方格

單元測試

- 傳入難度等級，產生高 * 寬的方格數。
- 所有產出的方格應關閉的狀態。
- 產生的方格，應該有 15% 的方格是有埋地雷的。

開始遊戲後應產生地雷的方格。

UI 測試

■ 在 Activity 寫上 RecyclerView 繫結資料後是不是如預期出現方格。

二、開始遊戲、點擊方格

單元測試

■ 點擊方格,方格的狀態會變成打開。

■ 點擊方格,如果該方格週圍有地雷,該格將顯示週圍 8 個方格合計的地雷數。

■ 點擊方格,如果旁邊都沒有地雷,顯示旁邊的地雷數。

■ 點擊方格,旁邊如果數字是 0,就自動點擊打開。

UI 測試

■ 點擊應開啟週圍的方格。

三、插旗

單元測試

■ 踩地雷遊戲,你可以在方格裡插上旗子提醒該格為地雷。

UI 測試

■ 驗證該 Cell 長按後有出現旗子。

四、判定遊戲結果

單元測試

■ 除了有地雷的方格,其餘都被打開,則為贏得遊戲。

■ 點擊到有地雷的方格,即為輸了遊戲。

UI 測試

- 贏遊戲時，畫面應出現你贏了的文字。
- 輸遊戲時，畫面應出現你輸了的文字。

10.2 產生遊戲方格

撰寫測試

踩地雷遊戲，我們得先產生方格。依照等級產生不同大小的方格。

案例：傳入難度等級 9，產生 9*9=81 的方格。

新增測試類別 CellCreatorTest 及測試方法 testCreateCell。

```kotlin
class CellCreatorTest {
    @Test
    fun testCreateCell() {
        // 傳入難度等級 9，產生 9*9=81 的方格
        val cellCreator = CellCreator()
        cellCreator.level = 9

        val createCell = cellCreator.createCell()
        val cellCount = createCell.count()
        Assert.assertEquals(81, cellCount)
    }
}
```

這個測試將產生出以下 2 個類別，但尚未實作內容。這兩個類別請記得在測試案例上的類別名稱上按 Option+Enter(Alt + Enter) 就可以產生，而不要直接手動新增。

1. CellCreator：用來產生地雷的方格。
2. Cell：資料模型，代表採地雷裡的一個方格。

```kotlin
class CellCreator {
    var level: Int = 0
    fun createCell(): MutableList<Cell> {
        TODO("not implemented")
    }
}

class Cell {

}
```

執行測試，測試失敗。

```
kotlin.NotImplementedError: An operation is not implemented: not
implemented
```

實作程式碼，通過測試

在 CellCreator 的 createCell，產生 9*9 的 Cell。這裡用 2 個 foreach 產生方格。

```kotlin
class CellCreator {
    var level: Int = 0
    fun createCell(): MutableList<Cell> {
        val returnCells = mutableListOf<Cell>()
        (0 until level).forEach { x ->
            (0 until level).forEach { y ->
                val number = x * level + y
                val cell = Cell()
                returnCells.add(cell)
```

```
        }
    }
    return returnCells
    }
}
```

撰寫測試案例

案例：所有產出的方格應為關閉的狀態。在這個測試，將會產生關鍵的
Cell 狀態。

```
@Test
fun testCreateCellShouldBeClose() {
    // 所有的狀態應為關閉的
    val cellCreator = CellCreator()
    cellCreator.level = 9
    val expected = 81
    val createCell = cellCreator.createCell()
    val cellCount = createCell.filter { it.status == Cell.Status.CLOSE
}.count()
    Assert.assertEquals(81, cellCount)
}
```

在測試案例上的 it.status == Cell.Status.CLOSE，按 Otpion+Enter 產生 Cell
的狀態及狀態的值 CLOSE。

```
class Cell {
    val status: Status? = null
    enum class Status {
        CLOSE
    }
}
```

執行測試,測試失敗。

```
java.lang.AssertionError:
Expected :81
Actual   :0
```

實作程式碼,通過測試

在 createCell 加上 cell.status = CLOSE,讓所有的 Cell 產生後的狀態為關閉
的。

```
fun createCell(): MutableList<Cell> {
    val returnCells = mutableListOf<Cell>()
    (0 until level).forEach { x ->
        (0 until level).forEach { y ->
            val number = x * level + y
            val cell = Cell()
            cell.status = Cell.Status.CLOSE
            returnCells.add(cell)
        }
    }
    return returnCells
}
```

在這裡你可以看到在每一個測試案例都會逼出一個關鍵的分歧點,而你的
產品程式碼也只需要修改這個分歧點以通過測試案例。

重構

提出 createLevelCell。

```
@Test
fun testCreateCellShouldBeClose() {
```

```
    // 所有的狀態應為關閉的
    val createCell = createLevelCell(9)
    val cellCount = createCell.filter { it.status == Cell.Status.CLOSE
}.count()
    Assert.assertEquals(81, cellCount)
}

private fun createLevelCell(level: Int): MutableList<Cell> {
    val cellCreator = CellCreator()
    cellCreator.level = level
    return cellCreator.createCell()
}
```

撰寫測試案例

產生的方格 Cell，應該有 15% 的方格是有埋地雷的。

案例：當有 81 個方格，裡面應有 13(無條件進位) 個是有地雷的。

```
@Test
fun testCreateGameShouldHave15PercentMine() {
    // 測試地雷應有 15%
    val createCell = createLevelCell(9)
    val mineCount = createCell.filter { it.isMine }.count()
    Assert.assertEquals(13, mineCount)
}
```

這個測試案例的分岐點為：Cell 的 isMine。

```
class Cell {
    var isMine: Boolean = false
    var status: Status? = null
    enum class Status {
```

```
        CLOSE
    }
}
```

執行測試,測試失敗。

```
java.lang.AssertionError:
Expected :13
Actual   :0
```

實作程式碼,通過測試

加上隨機產生地雷並設定 isMine=true。

```kotlin
class CellCreator {
    var level: Int = 0
    fun createCell(): MutableList<Cell> {
        val returnCells = mutableListOf<Cell>()
        val mineIndexes = createRandomIndexes(level)
        (0 until level).forEach { x ->
            (0 until level).forEach { y ->
                val number = x * level + y
                val cell = Cell()
                cell.status = Cell.Status.CLOSE
                cell.isMine = false
                if (mineIndexes.filter { it == number }.count() != 0) {
                    cell.isMine = true
                }
                returnCells.add(cell)
            }
        }
        return returnCells
    }
```

```
private fun createRandomIndexes(cellSize: Int): MutableList<Int> {
    val mineIndexes: MutableList<Int> = mutableListOf()


    val random = Random()
    //15 % 機率為地雷
    while (mineIndexes.count() < cellSize * cellSize * 0.15) {
        val nextInt = random.nextInt(cellSize * cellSize - 1)
        if (mineIndexes.none { it == nextInt }) {
            mineIndexes.add(nextInt)
        }
    }
    return mineIndexes
}
}
```

10.3 開始遊戲、點擊方格

撰寫測試案例

產生地雷方格的部分好了之後，接著要開始負責處理遊戲的 MineSweeper 類別。

測試案例：開始遊戲後應產生地雷的方格。

```
class MineSweeperTest {
    @Test
    fun startGame() {
        val level = 9
        val mineSweeper = MineSweeper()
```

```
        mineSweeper.startGame(level)
        val cells:List<Cell> = mineSweeper.cells
        Assert.assertEquals(81, cells.count())
    }
}
```

產生 MineSweeper 類別,尚未實作。

```
class MineSweeper {
    var cells: List<Cell> = listOf()
    fun startGame(level: Int) {
        TODO("not implemented")
    }
}
```

執行測試,測試失敗。

```
kotlin.NotImplementedError: An operation is not implemented: not
implemented
```

實作程式碼,通過測試

實作 MineSwpper.startGame。

```
class MineSweeper {
    var cells: List<Cell> = listOf()

    fun startGame(level: Int) {
        val cellCreator = CellCreator()
        cellCreator.level = level
        cells = cellCreator.createCell()
    }
}
```

UI 測試

開始遊戲的方法寫好了之後，我們可以在 Activity 寫上 RecyclerView 繫結
資料後是不是如預期出現 81 個方格。

案例：RecyclerView 是否有產生 81 個方格。

```
class MainActivityTest {
    @Rule
    @JvmField
    var mActivityTestRule = ActivityTestRule(MainActivity::class.java)

    @Test
    fun loadCellTest(){
        onView(withId(R.id.recyclerView)).check(matches(hasChildCount
(81)))
    }
}
```

執行測試，測試失敗。

```
'has child count: <81>' doesn't match the selected view.
```

實作程式碼，通過測試

新增 MainAdapter。

```
class MainAdapter(
    var items: List<Cell>,
    private val context: Context
) :
    RecyclerView.Adapter<RecyclerView.ViewHolder>() {

    override fun onCreateViewHolder(parent: ViewGroup, viewType: Int):
RecyclerView.ViewHolder {
```

```
        val view = LayoutInflater.from(parent.context).inflate(R.layout.
item_row, parent, false)
        return ItemViewHolder(view)
    }


    override fun onBindViewHolder(viewHolder: RecyclerView.ViewHolder,
position: Int) {
        if (viewHolder is ItemViewHolder) {
            val cell = items[position]
            viewHolder.textView.visibility = View.GONE
        }
    }


    override fun getItemCount(): Int {
        return items.count()
    }


    private inner class ItemViewHolder(itemView: View) :
        RecyclerView.ViewHolder(itemView) {
        var textView: TextView = itemView.findViewById(R.id.textView)
        var imageView: ImageView = itemView.findViewById(R.id.imageView)
    }
}
```

修改 MainActivity，完成 RecyclerView 的繫結。

```
class MainActivity : AppCompatActivity() {
    private val mineSweeper = MineSweeper()
    private lateinit var mainAdapter: MainAdapter

    override fun onCreate(savedInstanceState: Bundle?) {
        super.onCreate(savedInstanceState)
        setContentView(R.layout.activity_main)

        val level = 9
```

```
    mineSweeper.startGame(level)
    mainAdapter = MainAdapter(mineSweeper.cells, this)
    recyclerView.adapter = mainAdapter
    recyclerView.layoutManager = StaggeredGridLayoutManager(level,
StaggeredGridLayoutManager.VERTICAL)
    recyclerView.addItemDecoration(
        DividerItemDecoration(this, DividerItemDecoration.VERTICAL)
    )
    recyclerView.addItemDecoration(
        DividerItemDecoration(this, DividerItemDecoration.HORIZONTAL)
    )
    }
}
```

執行 App，這時候就會看到如圖 10-2 方格都畫好了。

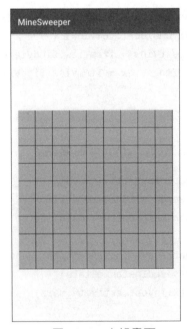

▲ 圖 10-2　方格畫面

接著要開始撰寫使用者點擊方格的行為。先前的產生地雷的方式是用隨機
的，這會讓測試無法預期，所以我們需要先重構。使用依賴注入的技巧，
在寫測試時就可以控制每一個方格應該長什麼樣子，而不是隨機地雷。

在 CellCreator 點 Refactor → Extract → Interface。

```
class CellCreator {
    var level: Int = 0
    fun createCell(): MutableList<Cell> {
        ...
    }
}
```

產生出 ICellCreator。

```
interface ICellCreator {
    fun createCell(): MutableList<Cell>
}
```

在 CellCreator 按 Refactor → Extract → Functional Parameter。

```
class MineSweeper {
    var cells: List<Cell> = listOf()
    fun startGame(level: Int) {
        val cellCreator = CellCreator()
        cellCreator.level = level
        cells = cellCreator.createCell()
    }
}
```

重構後 cellCreator 被改為從 startGame 注入。

```kotlin
class MineSweeper {
    var cells: List<Cell> = listOf()

    fun startGame(cellCreator: ICellCreator) {
        cells = cellCreator.createCell()
    }
}
```

在 Activity 也需要一起修改。

```kotlin
override fun onCreate(savedInstanceState: Bundle?) {
    super.onCreate(savedInstanceState)
    setContentView(R.layout.activity_main)

    val level = 9
    val cellCreator = CellCreator()
    cellCreator.level = level
    mineSweeper.startGame(cellCreator)
    ...
}
```

重構完記得再次執行測試，通過測試。

重構測試案例

在 MineSweeperTest，提出 mineSweeper 到 Property，並在每次測試前初始化。

```kotlin
class MineSweeperTest {
    lateinit var mineSweeper : MineSweeper

    @Before
    fun setup(){
```

```
        mineSweeper = MineSweeper()
    }
    ...
}
```

撰寫測試案例

測試案例:點擊 Cell 時,Cell 的狀態會變成打開。

在這個案例,需要知道哪個 Cell 被點擊,所以為 Cell 加上了 x, y 的值,代表 x 軸與 y 軸的位置。請參見圖 10-3。

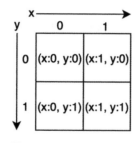

▲ 圖 10-3　Cell 的 x,y 座標

```
@Test
fun tapCellShouldOpen() {
    // 點擊會被打開
    // 產生 1*1 個 Cell
    val cells = mutableListOf<Cell>(
        Cell().apply { x=0; y=0 }
    )
    val creator = FakeCellCreator()
    creator.cells = cells
    mineSweeper.startGame(creator)
```

```
    val x = 0
    val y = 0

    mineSweeper.tap(x, y)
    val cell = mineSweeper.cells.find { it.x == x && it.y == y }
    Assert.assertEquals(Cell.Status.OPEN, cell?.status)
}
```

產生 FakeCellCreator 類別，用來傳入 Cell。

```
class FakeCellCreator : ICellCreator {
    var cells:MutableList<Cell>? = null

    override fun createCell(): MutableList<Cell> {
        return cells!!
    }
}
```

由測試案例產生 Cell 的 x、y、Status 的 OPEN。

```
class Cell {
    var y: Int = 0
    var x: Int = 0
    var isMine: Boolean = false
    var status: Status? = null

    enum class Status {
        CLOSE,
        OPEN
    }
}
```

MineSweeper 產生 tap，未實作。

```kotlin
class MineSweeper {
    var cells: List<Cell> = listOf()

    fun startGame(cellCreator: ICellCreator) {
        cells = cellCreator.createCell()
    }

    fun tap(x: Int, y: Int) {
        TODO("not implemented")
    }
}
```

執行測試，測試失敗。

```
kotlin.NotImplementedError: An operation is not implemented: not
implemented
```

實作程式碼，通過測試

實作 tap，用 x、y 座標找到該 Cell 後設定狀態為 OPEN。

```kotlin
fun tap(x: Int, y: Int) {
    val cell = cells.find { it.x == x && it.y == y }!!
    cell.status = Cell.Status.OPEN
}
```

執行測試：通過測試。

重構測試程式碼

我們已經知道接下來會不斷的透過 FakeCellCreator 產生預期的 Cell 做為測試用，透過下方程式碼的方式有點複雜且不容易理解。

```kotlin
val cells = mutableListOf<Cell>(
    Cell().apply { x=0; y=0 }
)
val creator = FakeCellCreator()
creator.cells = cells
```

我們把它重構為用圖示的方式來產生假的方格。使用像下方程式碼這樣的表格來表示有 3*3 個方格，裡面的 - 符號表示是一個未開啟的方格。用這種方式可以讓程式碼看起來像是方格一樣，就容易理解多了。

```kotlin
// 產生 3*3 的方格。
val init = mutableListOf<String>()
init.add("-|-|-")
init.add("-|-|-")
init.add("-|-|-")

// 重構後的測試案例
@Test
fun tapCellShouldOpen() {
    // 點擊會被打開
    // 產生 1*1
    val init = mutableListOf<String>()
    init.add("-")
    val cells = createCell(init)
    ...
}

private fun createCell(initSweeper: MutableList<String>):
MutableList<Cell> {
    // 將圖示字串轉為 MutableList<Cell>
    val cells: MutableList<Cell> = mutableListOf()
```

```
    initSweeper.forEachIndexed { yIndex, yList ->
        val lines = yList.split("|")
        lines.forEachIndexed { xIndex, value ->
            val cell = Cell()
            cell.x = xIndex
            cell.y = yIndex

            cell.status = Cell.Status.CLOSE
            if (value == " ") {
                cell.status = Cell.Status.OPEN
            }

            cells.add(cell)
        }
    }
    return cells
}
```

驗證的部分也需要重構，不再把某個 Cell 抓出來檢查，而是將所有的 Cell
一個一個檢查。透過圖示的方式來驗證現在的所有 Cell 應該長怎樣。下方
的空格則代表該格已被打開。

```
val verify = mutableListOf<String>()
verify.add(" ") // 這裡的空格代表已被打開
verifyDisplay(verify)
```

圖示驗證的方法：

空格表示狀態應為 Cell.Status.OPEN

- 表示狀態應為 Cell.Status.CLOSE

```kotlin
private fun verifyDisplay(verify: List<String>) {
    verify.forEachIndexed { yIndex, yList ->
        val lines = yList.split("|")
        lines.forEachIndexed { xIndex, value ->
            val findCell = mineSweeper.findCell(xIndex, yIndex)!!
            when (value) {
                " " -> Assert.assertEquals("$xIndex, $yIndex",
                    Cell.Status.OPEN, findCell.status
                )
                "-" -> Assert.assertEquals("$xIndex, $yIndex",
                    Cell.Status.CLOSE, findCell.status
                )
            }
        }
    }
}
```

通過測試後繼續重構提出 findCell 方法

```kotlin
val cell = mineSweeper.cells.find { it.x == x && it.y == y }

fun findCell(x: Int, y: Int) = cells.find { it.x == x && it.y == y }
```

撰寫測試案例

測試案例：點擊的 Cell 如果不是地雷且旁邊有地雷，如圖 10-4 該格將顯示週圍 8 個合計的地雷數。

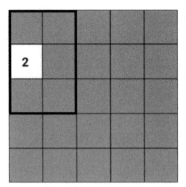

▲ 圖 10-4　顯示週圍 8 格的地雷數

```kotlin
@Test
fun tapNumberShouldDisplay() {
    // 點擊的 Cell 如果不是地雷且旁邊有地雷,顯示地雷數。
    // 產生 5*5 的方格,並在 (0,0)、(1,2)、(2,4) 放置地雷。
    val init = mutableListOf<String>()
    init.add("*|-|-|-|-")
    init.add("-|-|-|-|-")
    init.add("-|*|-|-|-")
    init.add("-|-|-|-|-")
    init.add("-|-|*|-|-")

    val cells = createCell(init)
    val creator = FakeCellCreator().apply { this.cells = cells }
    mineSweeper.startGame(creator)
    mineSweeper.tap(0, 1)

    // 驗證結果,座標 0,1 應被打開且數字為 2。
    val verify = mutableListOf<String>()
    verify.add("*|-|-|-|-")
    verify.add("2|-|-|-|-")
    verify.add("-|*|-|-|-")
```

```
    verify.add("-|-|-|-|-")
    verify.add("-|-|*|-|-")

    verifyDisplay(verify)
}
```

修改 createCell，增加圖示裡的符號 * 表示地雷。

```kotlin
private fun createCell(initSweeper: MutableList<String>): MutableList
<Cell> {
    val cells: MutableList<Cell> = mutableListOf()
    initSweeper.forEachIndexed { yIndex, yList ->
        val lines = yList.split("|")
        lines.forEachIndexed { xIndex, value ->
            val cell = Cell()
            cell.x = xIndex
            cell.y = yIndex
            cell.status = Cell.Status.CLOSE
            if (value == " ") {
                cell.status = Cell.Status.OPEN
            }
            cell.isMine = false
            if (value == "*") {
                cell.isMine = true
            }
            cells.add(cell)
        }
    }
    return cells
}
```

verifyDisplay 裡增加驗證數字及符號 * 為地雷。

```
when (value) {
    "*" -> Assert.assertTrue(findCell.isMine)
    " " -> Assert.assertEquals("$xIndex, $yIndex",
        Cell.Status.OPEN, findCell.status
    )
    "-" -> Assert.assertEquals("$xIndex, $yIndex",
        Cell.Status.CLOSE, findCell.status
    )
    else -> {
        // 顯示 Cell 的數字且狀態為打開。nextMines 表示該 Cell 附近的地雷數。
        Assert.assertEquals("$xIndex, $yIndex",
            Cell.Status.OPEN, findCell.status
        )
        Assert.assertEquals("$xIndex, $yIndex",
            value, mineSweeper.findCell(xIndex, yIndex)?.nextMines.
toString()
        )
    }
}
```

Cell 產生新屬性 nextMines 表示附近的地雷數。

```
class Cell {
    ...
    val nextMines: Int = 0
}
```

測試失敗 (x=0, y=1) 期待為 2，實際為 0。

```
org.junit.ComparisonFailure: 0, 1
Expected :2
Actual   :0
```

實作程式碼，通過測試

為了知道每個 Cell 旁邊的地雷數。在開始遊戲時，先計算週圍的地雷數。

```
fun startGame(cellCreator: ICellCreator) {
    cells = cellCreator.createCell()
    cells.forEach { cell ->
        // 設定每個 Cell 的週圍地圍數
        setCellNextStatus(cell)
    }
}

private fun setCellNextStatus(cell: Cell) {
    var nextMines = 0
    // 計算目標週圍 8 格
    for (i in -1..1) {
        for (j in -1..1) {
            val nextX = cell.x + i
            val nextY = cell.y + j
            if (nextX < 0 || nextY < 0) {
                continue
            }
            if (cell.x == nextX && cell.y == nextY) {
                continue
            }
            if (findCell(nextX, nextY)?.isMine == true) {
                nextMines++
            }
        }
    }
    cell.nextMines = nextMines
}
```

撰寫測試案例

測試案例:點擊的 Cell 如果旁邊都沒有地雷,如圖 10-5,顯示週圍 8 格的
地雷數。

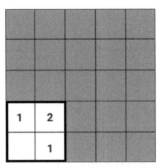

▲ 圖 10-5　顯示週圍 8 格的地電數

```kotlin
@Test
fun tapCellShouldDisplayNextMines() {
    // 點擊的 Cell 如果旁邊都沒有地雷,顯示旁邊的地雷數。
    val init = mutableListOf<String>()
    init.add("*|-|-|-|-")
    init.add("-|-|-|-|-")
    init.add("-|*|-|-|-")
    init.add("-|-|-|-|-")
    init.add("-|-|*|-|-")

    val cells = createCell(init)
    val creator = FakeCellCreator().apply { this.cells = cells }

    mineSweeper.startGame(creator)
    mineSweeper.tap(0, 4)

    val verify = mutableListOf<String>()
```

```
    verify.add("*|-|-|-|-")
    verify.add("-|-|-|-|-")
    verify.add("-|*|-|-|-")
    verify.add("1|2|-|-|-")
    verify.add(" |1|*|-|-")


    verifyDisplay(verify)
}
```

實作程式碼，通過測試

```
fun tap(x: Int, y: Int) {
    val cell = cells.find { it.x == x && it.y == y }!!
    cell.status = Cell.Status.OPEN

    // 如該 Cell 的附近是地雷數是 0，則顯示週圍 8 格的地雷數。
    if (cell.nextMines == 0) {
        // 找附近
        for (i in -1..1) {
            for (j in -1..1) {
                val newX = cell.x + i
                val newY = cell.y + j
                val nextCell = findCell(newX, newY)

                if (nextCell?.isMine == false && nextCell.status ==
Cell.Status.CLOSE) {
                    nextCell.status = Cell.Status.OPEN
                }
            }
        }
    }
}
```

撰寫測試案例

測試案例：旁邊如果數字是 0，就自動點擊打開。請參見圖 10-6。

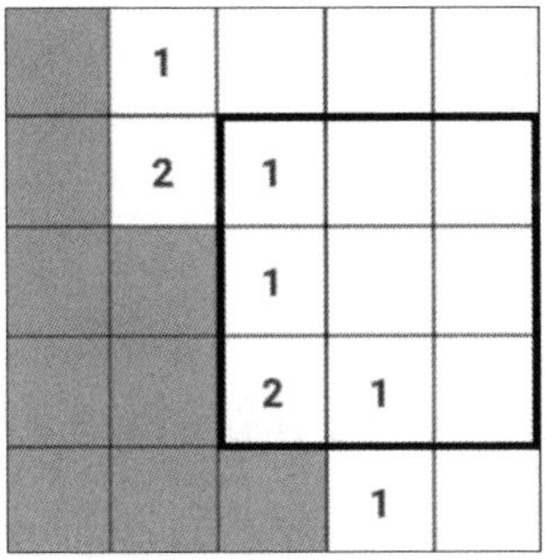

▲ 圖 10-6　如旁邊數字是 0，自動點擊打開

```
@Test
fun tapIfNextIs0ThenOpen() {
    // 旁邊如果數字是 0，就再點擊打開
    val init = mutableListOf<String>()
    init.add("*|-|-|-|-")
    init.add("-|-|-|-|-")
    init.add("-|*|-|-|-")
    init.add("-|-|-|-|-")
    init.add("-|-|*|-|-")

    val cells = createCell(init)
    val creator = FakeCellCreator().apply { this.cells = cells }

    mineSweeper.startGame(creator)
    mineSweeper.tap(3, 2)

    val verify = mutableListOf<String>()
    verify.add("*|1| | | ")
    verify.add("-|2|1| | ")
```

```
    verify.add("-|*|1| | ")
    verify.add("-|-|2|1| ")
    verify.add("-|-|*|1| ")


    verifyDisplay(verify)
}
```

實作程式碼，通過測試

在 MineSweeper 加上當週圍 Cell 的週圍地雷為 0 時，自動打開。

```
if (nextCell?.isMine == false && nextCell.status == Cell.Status.CLOSE) {
    if (nextCell.nextMines == 0) {
        // 旁邊 =0，則自動點擊
        tap(newX, newY)
    } else {
        // 旁邊 !=0，顯示
        nextCell.status = Cell.Status.OPEN
    }
}
```

UI 測試

點擊 Cell 後對於所有的方格會有什麼變化都在 MineSweeper 處理好了之後，開始在 UI 測試實際點擊 RecyclerView 畫面的改變。在單元測試，我們寫了 FakeCellCreator 來傳入預期的 Cell，而在 UI 測試，需要使用 ProductFlavor 的方式把原本在 main 底下的 CellCreator 分為 mock 及 prod 兩種版本。prod 仍是隨機產生 15% 的地雷，而 mock 則是載入 UI 測試所預期要產生的地雷。

應用程式層級的 build.gradle。

```
productFlavors {
    mock {
        applicationId "evan.chen.tutorial.tdd.minesweeper.mock"
    }
    prod {
        applicationId "evan.chen.tutorial.tdd.minesweeper"
    }
}
```

把 CellCreator 移到 prod，而 mock 裡的則改為在 createCell 裡產生固定的地雷。

```
class CellCreator : ICellCreator {
    var level: Int = 0
    override fun createCell(): MutableList<Cell> {
        val init = mutableListOf<String>()
        init.add("*|-|-|-|-|-|-|-|-")
        init.add("-|-|-|-|-|-|-|-|-")
        init.add("-|-|-|-|-|*|-|-|-")
        init.add("-|-|-|-|-|-|-|-|-")
        init.add("-|-|-|-|-|-|-|-|-")
        init.add("-|-|-|*|-|-|-|-|-")
        init.add("-|-|-|-|-|-|-|-|-")
        init.add("-|-|-|-|-|-|*|-|-")
        init.add("-|-|*|-|-|-|-|-|-")
        return createCellsFromString(init)
    }
    ...
}
```

撰寫測試案例

UI 測試：點擊應開啟附近的方格。

```
MainActivityTest
@Test
fun clickShowNextNextMines(){
    clickCellAt(4, 8)
    checkNumber(3, 8, 1)
    checkNumber(3, 7, 1)
    checkNumber(3, 6, 1)
    checkNumber(4, 6, 1)
    checkNumber(5, 6, 1)
    checkNumber(5, 7, 1)
    checkNumber(5, 8, 1)
}
```

將 BuildVariants 設定為 mockDebug 後執行測試，測試失敗。

實作程式碼，通過測試

新增 Interface，用來讓 Adapter 回呼。

```
interface ICellTapListener {
    fun onCellClick(cell: Cell)
}
```

修改 Adapter，加上點擊的事件。

```
class MainAdapter(
    var items: List<Cell>,
    private val context: Context
) :
```

```
    RecyclerView.Adapter<RecyclerView.ViewHolder>() {
    var listener: ICellTapListener? = null
    ...
    override fun onBindViewHolder(viewHolder: RecyclerView.ViewHolder,
position: Int) {
        if (viewHolder is ItemViewHolder) {
            val cell = items[position]
            viewHolder.textView.visibility = View.GONE
            viewHolder.imageView.visibility = View.GONE
            if (cell.status == Cell.Status.CLOSE) {
                viewHolder.itemView.setBackgroundColor(Color.LTGRAY)
            }
            if (cell.status == Cell.Status.OPEN) {
                viewHolder.itemView.setBackgroundColor(Color.WHITE)
                if (cell.isMine) {
                    viewHolder.textView.visibility = View.GONE
                    viewHolder.imageView.visibility = View.VISIBLE
                    viewHolder.imageView.setImageResource(R.mipmap.mine)
                } else if (cell.nextMines != 0) {
                    viewHolder.textView.visibility = View.VISIBLE
                    viewHolder.imageView.visibility = View.GONE
                    viewHolder.textView.text = cell.nextMines.toString()
                }
            }
            viewHolder.itemView.setOnClickListener {
                listener?.onCellClick(cell)
            }
        }
    }

    fun setCellListener(listener: ICellTapListener) {
```

```
        this.listener = listener
    }
}
```

MainActivity 實作 ICellTapListener，並 override onCellClick 方法。

```
class MainActivity : AppCompatActivity(), ICellTapListener{
    override fun onCreate(savedInstanceState: Bundle?) {
        super.onCreate(savedInstanceState)
        setContentView(R.layout.activity_main)
        ...
        mainAdapter = MainAdapter(mineSweeper.cells, this)
        mainAdapter.setCellListener(this)
        ...
    }

    override fun onCellClick(cell: Cell) {
        mineSweeper.tap(cell.x, cell.y)
        mainAdapter.notifyDataSetChanged()
    }
}
```

10.4 插旗

撰寫測試案例

踩地雷遊戲，你可以在方格裡插上旗子提醒該格為地雷。如圖 10-7。

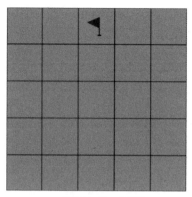

▲ 圖 10-7　插旗

測試案例：呼叫 mineSweeper.tapFlag(0,2) 表示在 (x=0,y=2) 座標插上旗子。而驗證的圖示用 f 來表示插上旗子。

```
@Test
fun tapTestWithFlag() {
    // 插旗測試，設定初始方格。
    val init = mutableListOf<String>()
    init.add("*|-|-|-|-")
    init.add("-|-|-|-|-")
    init.add("-|*|-|-|-")
    init.add("-|-|-|-|-")
    init.add("-|-|*|-|-")

    val cells = createCell(init)
    val creator = FakeCellCreator().apply { this.cells = cells }

    mineSweeper.startGame(creator)
    mineSweeper.tapFlag(2, 0)

    // 驗證方格的 (2,0) 是否為插旗
```

```kotlin
    val verify = mutableListOf<String>()
    verify.add("*|-|f|-|-")
    verify.add("-|-|-|-|-")
    verify.add("-|*|-|-|-")
    verify.add("-|-|-|-|-")
    verify.add("-|-|*|-|-")

    verifyDisplay(verify)
}
```

在 verifyDisplay，加上圖示為 f 需驗證 isFlag 是否為 true。

```kotlin
private fun verifyDisplay(verify: List<String>) {
    ...
    when (value) {
    "*" -> Assert.assertTrue(findCell.isMine)
    " " -> Assert.assertEquals("$xIndex, $yIndex",
                MineSweeper.Status.OPEN, findCell.status)
    "-" -> Assert.assertEquals("$xIndex, $yIndex",
                MineSweeper.Status.CLOSE, findCell.status)
    "f" -> {
        Assert.assertEquals("$xIndex, $yIndex",
            Cell.Status.CLOSE, findCell.status
        )
        Assert.assertEquals("$xIndex, $yIndex",
            true, findCell.isFlag
        )
    }
    else -> {
        // 有數字 打開
        Assert.assertEquals("$xIndex, $yIndex",
            MineSweeper.Status.OPEN, findCell.status
```

```
        )
        Assert.assertEquals("$xIndex, $yIndex",
            value, findCell.nextMines.toString()
        )
    }
}
```

產生 MineSweeper 的 tapFlag，尚未實作。

```
class MineSweeper {
    fun tapFlag(x: Int, y: Int) {
        TODO("not implemented")
    }
}

class Cell {
    ...
    var isFlag: Boolean = false
}
```

實作程式碼，通過測試

實作 tapFlag 將被點擊的 Cell 的 isFlag 設定為 true。

```
fun tapFlag(x: Int, y: Int) {
    val findCell = findCell(x, y)!!
    findCell.isFlag = true
}
```

UI 測試

寫完單元測試，接著寫 UI 測試。驗證該 Cell 長按後有出現旗子。

```
@LargeTest
class MainActivityTest {
    @Rule
    @JvmField
    var mActivityTestRule = ActivityTestRule(MainActivity::class.java)

    @Test
    fun longClickFlag() {
        longClickCellAt(3, 5)
        checkIsFlag(3, 5)
    }

    private fun longClickCellAt(x: Int, y: Int) {
        val position = y * 9 + x
        val frameLayout = onView(
            Matchers.allOf(
                childAtPosition(
                    Matchers.allOf(
                        withId(R.id.recyclerView),
                        childAtPosition(
                            IsInstanceOf.instanceOf(LinearLayout::class.
java),
                            1
                        )
                    ),
                    position
                ),
                isDisplayed()
            )
        )
        frameLayout.perform().perform(longClick())
    }
```

```
private fun checkIsFlag(x: Int, y: Int) {
    val position = y * 9 + x
    val imageView = onView(
        Matchers.allOf(
            withId(R.id.imageView),
            childAtPosition(
                childAtPosition(
                    withId(R.id.recyclerView),
                    position
                ),
                0
            ),
            isDisplayed()
        )
    )
    imageView.check(matches(withDrawable(R.mipmap.flag)))
}
}
```

實作程式碼，通過測試

1. 在 Interface 加上 onCellLong 的 Callback。

2. 在 MainAdapter 設定當 isFlag=true 時，imageView 顯示旗子。

3. 設定長按時呼叫 listener?.onCellLongClick。

```
interface ICellTapListener {
    fun onCellClick(cell: Cell)
    fun onCellLongClick(cell: Cell)
}

class MainAdapter(
    ...
```

```kotlin
    override fun onBindViewHolder(viewHolder: RecyclerView.ViewHolder,
position: Int) {
    ...
    if (cell.status == Cell.Status.CLOSE) {
        viewHolder.itemView.setBackgroundColor(Color.LTGRAY)

        if (cell.isFlag) {
            viewHolder.textView.visibility = View.GONE
            viewHolder.imageView.visibility = View.VISIBLE
            viewHolder.imageView.setImageResource(R.mipmap.flag)
        }
    }
    ...
    viewHolder.itemView.setOnLongClickListener {
        listener?.onCellLongClick(cell)
            true
    }
        ...
    }
}
```

回到 Activity，實作 onCellLongClick。

```kotlin
class MainActivity : AppCompatActivity(), ICellTapListener{
    ...
        override fun onCellLongClick(cell: Cell) {
        mineSweeper.tapFlag(cell.x, cell.y)
        mainAdapter.notifyDataSetChanged()
    }
}
```

通過 UI 測試，開 App 起來玩看看，已經有長按插旗的功能了。

10.5 判定遊戲結果

撰寫測試案例

案例：除了有地雷的方格，其餘都被打開時，則贏得遊戲。執行
MineSweeper.tap()，應呼叫 listener 的 winGame。

```kotlin
@Test
fun checkWin() {
    val init = mutableListOf<String>()
    init.add(" | | | | ")
    init.add(" | | |*| ")
    init.add(" |*| |*| ")
    init.add(" | | | | ")
    init.add("-|-|-|-|-")

    val sweeperListener = mockk<IMineSweeperListener>(relaxed = true)
    val cells = createCell(init)
    val creator = FakeCellCreator().apply { this.cells = cells }

    mineSweeper.startGame(creator)
    mineSweeper.setMineSweeperListener(sweeperListener)
    mineSweeper.tap(2, 4)

    verify{sweeperListener.winGame()}
}
```

產生 IMineSweeperListener 及 winGame 方法。

```kotlin
interface IMineSweeperListener {
    fun winGame()
}
```

在 MineSweeper 產生 IMineSweeperListener 的方法。

```kotlin
class MineSweeper {
    ...
    fun setMineSweeperListener(sweeperListener: IMineSweeperListener?) {
        TODO("not implemented")
    }
}
```

測試失敗

```
kotlin.NotImplementedError: An operation is not implemented: not
implemented
```

實作程式碼，通過測試

請注意，這時候還不需要實作 Activity。這個測試是在驗證 MineSweeper 在贏得遊戲的條件下是否有呼叫 listener.winGame()。

```kotlin
class MineSweeper {
    ...
    var listener: IMineSweeperListener? = null
    ...
    fun tap(x: Int, y: Int) {
        val cell = cells.find { it.x == x && it.y == y }!!
        cell.status = Cell.Status.OPEN

        // 判斷是否除了有地雷方格都被打開了。
        if (cells.find { it.status != Cell.Status.OPEN && !it.isMine } ==
null) {
            listener?.winGame()
        }
```

```
    ...
  }
  …
  fun setMineSweeperListener(sweeperListener: IMineSweeperListener?) {
      listener = sweeperListener
  }
}
```

撰寫測試案例

案例：點擊到有地雷的方格，即為輸了遊戲。

```
@Test
fun checkLost() {
    val init = mutableListOf<String>()
    init.add(" | | | | ")
    init.add(" | | |*| ")
    init.add(" |*| |*| ")
    init.add(" | | | | ")
    init.add("-|-|-|-|-")
    val sweeperListener = mockk<IMineSweeperListener>(relaxed = true)
    val cells = createCell(init)
    val creator = FakeCellCreator().apply { this.cells = cells }
    mineSweeper.startGame(creator)
    mineSweeper.setMineSweeperListener(sweeperListener)
    mineSweeper.tap(1, 2)
    verify{(sweeperListener).lostGame()}
}
```

產生 lostGame() 方法

```
interface IMineSweeperListener {
    fun winGame()
```

```
    fun lostGame()
}
```

測試失敗

```
Wanted but not invoked:iMineSweeperListener.lostGame();
```

實作程式碼，通過測試

```
class MineSweeper {
    fun tap(x: Int, y: Int) {
        val cell = cells.find { it.x == x && it.y == y }!!
        cell.status = Cell.Status.OPEN
        // 點到地雷，輸了
        if (cell.isMine) {
            listener?.lostGame()
        }
        …
    }
}
```

UI 測試

贏遊戲跟輸遊戲的單元測試都寫好了，接著處理 UI 的部分。當贏遊戲時，應出現你贏了的文字。

```
@LargeTest
class MainActivityTest {
    @Test
    fun winGameTest() {
        clickCellAt(0, 1)
        clickCellAt(0, 3)
        clickCellAt(3, 7)
```

```
        clickCellAt(4, 7)
        clickCellAt(6, 8)

        onView(withId(R.id.gameStatus)).check(matches(withText(" 你贏了 ")))
    }
}
```

實作程式碼，通過測試

回到 Activity，實作 IMineSweeperListener 及 override windGame。

```
class MainActivity : AppCompatActivity(), ICellTapListener,
IMineSweeperListener{
    ...
    override fun onCreate(savedInstanceState: Bundle?) {
        super.onCreate(savedInstanceState)
        setContentView(R.layout.activity_main)

        val level = 9
        val cellCreator = CellCreator()
        cellCreator.level = level
        mineSweeper.startGame(cellCreator)
        mineSweeper.setMineSweeperListener(this)
        ...
    }

    override fun winGame() {
        gameStatus.text = " 你贏了 "
    }
}
```

UI 測試

輸遊戲時，應出現你輸了的文字。

```
@Test
fun lostGameTest() {
    clickCellAt(3, 5)
    onView(withId(R.id.gameStatus)).check(matches(withText(" 你輸了 ")))
}
```

實作程式碼，通過測試

在 Activity 實作 IMineSweeperListener

```
class MainActivity : AppCompatActivity(), ICellTapListener,
IMineSweeperListener{
    override fun lostGame() {
        gameStatus.text = " 你輸了 "
    }
}
```

再執行 UI 測試，這樣就完成踩地雷的遊戲了。

範例下載

https://github.com/evanchen76/MineSweeperTDD